Kubendiran M
Praveen S

# Estudo de Caso de Eficácia Global do Equipamento

Kubendiran M
Praveen S

# Estudo de Caso de Eficácia Global do Equipamento

## Estudo de caso OEE

ScienciaScripts

**Imprint**

Any brand names and product names mentioned in this book are subject to trademark, brand or patent protection and are trademarks or registered trademarks of their respective holders. The use of brand names, product names, common names, trade names, product descriptions etc. even without a particular marking in this work is in no way to be construed to mean that such names may be regarded as unrestricted in respect of trademark and brand protection legislation and could thus be used by anyone.

Cover image: www.ingimage.com

This book is a translation from the original published under ISBN 978-620-5-51698-0.

Publisher:
Sciencia Scripts
is a trademark of
Dodo Books Indian Ocean Ltd. and OmniScriptum S.R.L publishing group

120 High Road, East Finchley, London, N2 9ED, United Kingdom
Str. Armeneasca 28/1, office 1, Chisinau MD-2012, Republic of Moldova, Europe
Printed at: see last page
ISBN: 978-620-5-47068-8

# Estudo de Caso de Eficácia Global do Equipamento

# ÍNDICE

# CAPÍTULO 1

# INTRODUÇÃO

Na maioria das indústrias de grande escala estão a utilizar um software sap (aplicações de sistemas e produtos no processamento de dados) para desenvolver e gerir operações comerciais e relações com clientes. O sistema SAP consiste em módulos totalmente integrados, que cobrem praticamente todos os aspectos da gestão empresarial. Aumenta a produtividade, melhor gestão de inventário, promove a qualidade, redução do custo do material, gestão eficaz dos recursos humanos, redução das despesas gerais, aumenta os lucros. O cliente contacta a equipa de vendas para verificar a disponibilidade do produto. A equipa de vendas aborda o departamento de Inventário para verificar a disponibilidade do produto. Caso o produto esteja fora de stock, a equipa de vendas aborda o Departamento de Planeamento da Produção para fabricar o produto. A equipa de planeamento da produção verifica com o departamento de inventário a disponibilidade da matéria-prima. Se a matéria-prima não estiver disponível com o inventário, a equipa de Planeamento da Produção compra a matéria-prima aos Fornecedores. Depois o Planeamento da Produção encaminha a matéria-prima para a Execução da Produção para a Produção real.

## 1.1 PERFIL DA EMPRESA

A indústria XXX fez um nome na lista dos principais fornecedores do país YYYY. A empresa fornecedora está localizada em ZZZ, Tamil Nadu e é um dos principais vendedores dos produtos listados. A Best Engineering & Stamping Technology está listada na lista de vendedores verificados do Trade India que oferecem qualidade suprema de etc. Compre-nos a granel para os produtos e serviços da melhor qualidade. As melhores tecnologias de engenharia e estampagem são empresas parceiras envolvidas no fabrico de um sortido de qualidade de peças de estampagem em chapa metálica e. Para oferecer estes produtos, temos connosco uma equipa especializada, que está ciente das preferências crescentes dos clientes. Sob a gestão do nosso mentor, conseguimos as peças de melhor qualidade da indústria.

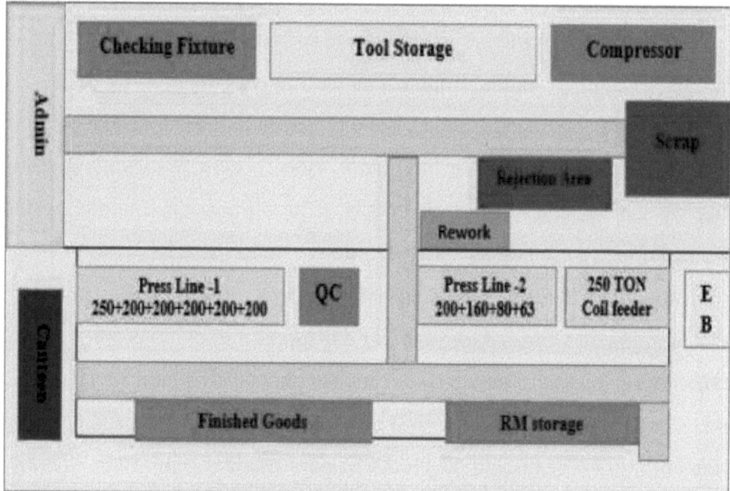


**Figura 1.2** Esquema da empresa

A Empresa fabrica peças como placa de peixe, amortecedor de choques, cobertura de pó de painel, tambor de ruptura, etc.

### 1.1.1 Lista das partes

| Sl no | Part | Model | Customer |
|---|---|---|---|
| 1 | 71682-B4000 | BA | SHI |
| 2 | 71672-B4000 | BA | SHI |
| 3 | 71634/44-B4000 | BA | SHI |
| 4 | 71618-B4400 | BA | SHI |
| 5 | 71628-B4400 | BA | SHI |
| 6 | 64644-F9000 | HCI | SHI |
| 7 | 64644-F9000 | HCI | SHI |
| 8 | 64654-H6000 | HCI | SHI |
| 9 | 64664-F9000 | HCI | SHI |
| 10 | 71638-H5000 | HCI | SHI |
| 11 | 71648-H5000 | HCI | SHI |
| 12 | 64756-K3000 | QXI | SHI |

| Sl no | Part | Model | Customer |
|---|---|---|---|
| 13 | 64766-K3000 | QXI | SHI |
| 14 | 64518-K3000 | QXI | SHI |
| 15 | 64528-K3000 | QXI | SHI |
| 16 | 643A6-BV900 | SU2I | SHI |
| 17 | 643B6-BV000 | SU2I | SHI |
| 18 | 64566-BV000 | SU2I | SHI |
| 19 | 64566-BV000 | SU2I | SHI |
| 20 | 64664-BV000 | SU2I | SHI |
| 21 | 64586-BV000 | SU2I | SHI |
| 22 | 72871-BV000 | SU2I | SHI |
| 23 | 64654-Q6900 | SU2I | SHI |
| 24 | 64664-Q6000 | SU2I | SHI |

| Sl no | Part | Model | Customer |
|---|---|---|---|
| 25 | 64338-Q6000 | SU2I | SHI |
| 26 | 64512-B7000 | SU2I | SHI |
| 27 | 64332-T7000 | BI3 | SHI |
| 28 | 64332-T7020 | BI3 | SHI |
| 29 | 65636-T7000 | BI3 | SHI |
| 30 | 65646-T7000 | BI3 | SHI |
| 31 | 64338-T7000 | BI3 | SHI |
| 32 | 64664-CC000 | BI3 | SHI |
| 33 | 64756/66-T7000 | BI3 | SHI |
| 34 | 64666-T7000 | BI3 | SHI |

| Sl no | Part | Model | Customer |
|---|---|---|---|
| 35 | 69156-BV700 | PS7I | SHI |
| 36 | 69166-BV700 | PS7I | SHI |
| 37 | 72831/41-BV700 | PS7I | SHI |
| 38 | 89324-BV410 | SU2I | SHI |
| 39 | 89424-BV410 | SU2I | SHI |
| 40 | X89325-BV000 | SU2I | SHI |
| 41 | X89425-BV000 | SU2I | SHI |
| 42 | BREAK DRUM | RE | KMD |
| 43 | BREAK DRUM | SW | KMD |
| 44 | FISH PLATE | AI3 | SAVERA |

Quadro 1.1 Peças a fabricar

## 1.1.2 Capacidade da máquina e variação da máquina

No departamento de produção, há 11 máquinas disponíveis com 5 variações. Todas as máquinas são semi-automatizadas onde a carga e descarga das peças é feita manualmente. A especificação de todas as máquinas da tabela 1.2.

| Machine type | Number of machine | Machine name |
|---|---|---|
| 250Ton pressing machine | 2 | T1,T2 |
| 200Ton pressing machine | 6 | T1,T2,T3,T4,T5,T6 |
| 160Ton pressing machine | 1 | T1 |
| 80Ton pressing machine | 1 | T1 |
| 63Ton pressing machine | 1 | T1 |

**Quadro 1.2** Especificação das máquinas

**Figura 1.3** Linha de produção

## 1.2 visão geral da eficácia global do equipamento

A Eficácia Global do Equipamento (OEE) é uma forma de monitorizar e melhorar a eficiência no processo de fabrico. OEE tornou-se uma ferramenta de gestão aceite para medir e avaliar a produtividade do chão de fábrica. OEE divide-se em três métricas de medição da Disponibilidade, Desempenho, e Qualidade. Estas métricas ajudam a medir a eficiência e eficácia da fábrica e categorizam estas perdas de produtividade chave que ocorrem dentro do processo de fabrico. OEE destaca a verdadeira "capacidade oculta" de uma organização. OEE não é uma medida exclusiva de como funciona o departamento de manutenção. A concepção e instalação do equipamento, bem como a forma como este é operado e mantido, afectam o OEE. Mede tanto a eficiência (fazer as coisas certas) como a eficácia (fazer as coisas certas) com o equipamento. OEE é calculado através da obtenção do produto da disponibilidade do equipamento, eficiência do desempenho do processo e taxa de produtos de qualidade. Assim, OEE é uma função dos três factores mencionados abaixo.

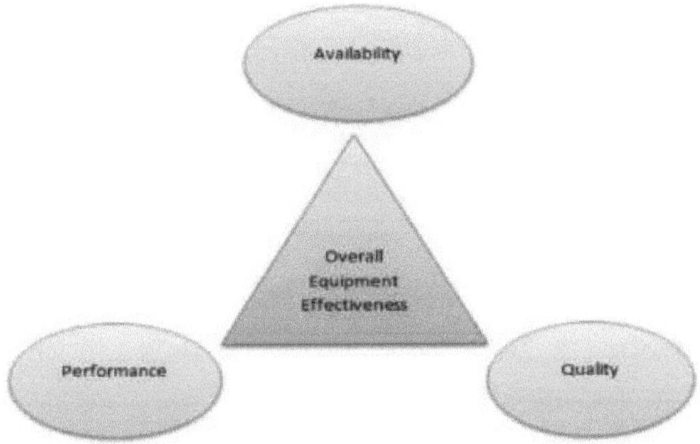


**Figura 1.4** Factores do OEE

## 1.2.1 Disponibilidade

A disponibilidade tem em conta todos os eventos que interrompem a produção planeada por tempo suficiente onde faz sentido localizar uma razão para estar em baixo (normalmente vários minutos).

A disponibilidade é calculada como a relação entre o tempo de execução e o tempo de produção planeado.

Disponibilidade = Tempo de Execução / Tempo de Produção Planeada.

O Tempo de Produção é simplesmente Tempo de Produção Planeada menos Tempo de Paragem, onde o Tempo de Paragem é definido como o tempo em que o processo de fabrico se destinava a funcionar mas não se devia a paragens não planeadas.

Run Time = Tempo de Produção Planeada - Tempo de Paragem


### 1.2.2 Desempenho

O desempenho tem em conta tudo o que faz com que o processo de fabrico funcione a uma velocidade inferior à máxima possível quando está em funcionamento (incluindo tanto os Ciclos Lentos como as Pequenas Paragens).

O desempenho é a relação entre o tempo de execução líquido e o tempo de execução.

Desempenho = (Tempo Ideal de Ciclo x Contagem Total) / Tempo de Execução

O Tempo de Ciclo Ideal é o tempo de ciclo mais rápido que o seu processo pode alcançar em circunstâncias óptimas. Portanto, quando é multiplicado pela Contagem Total, o resultado é o Tempo de Execução Líquido (o tempo mais rápido possível para fabricar as peças).

Desempenho = (Contagem total / Tempo de execução) / Taxa ideal de execução

O desempenho nunca deve ser superior a 100%. Se for, isso normalmente indica que o Tempo de Ciclo Ideal é definido incorrectamente (é demasiado elevado).

### 1.2.3 Qualidade

A qualidade tem em conta as peças fabricadas que não cumprem as normas de qualidade, incluindo as peças que necessitam de retrabalho. Lembre-se, OEE

Quality é semelhante a First Pass Yield, na medida em que define Boas Peças como peças que passam com sucesso pelo processo de fabrico pela primeira vez sem necessitarem de retrabalho.

Qualidade = Boa Contagem / Contagem Total

Isto é o mesmo que tomar a proporção de Tempo Produtivo Total (apenas Peças Boas fabricadas o mais rápido possível sem tempo de paragem) para Tempo de Execução Líquido (todas as peças fabricadas o mais rápido possível sem tempo de paragem).

OEE = Disponibilidade x Desempenho x Qualidade

## 1.2  SEIS GRANDES PERDAS

As perdas estão divididas em seis grandes categorias, que afectam o desempenho global do equipamento.

### 1.3.1. Falha do equipamento

Defeitos e falhas de equipamento resultam em paragens, impacto financeiro, discrepâncias de inventário e controlo de qualidade deficiente. Esta situação pode ocorrer por várias razões e pode ser devido a paragens não planeadas, à falta de operadores disponíveis e à falta de matérias-primas.

Quando o equipamento está programado para produção mas não está a funcionar durante qualquer período significativo devido a uma falha de algum tipo, é classificado como falha de equipamento e é uma perda de disponibilidade. Uma maneira mais simples de pensar em falha de equipamento é como qualquer paragem ou paragem não planeada.

As razões típicas para falha de equipamento incluem falha de ferramentas, avarias e manutenção não planeada. Da perspectiva mais ampla das paragens não planeadas, outras razões comuns incluem a ausência de operadores ou materiais, o facto de serem bloqueados por equipamento a montante ou de serem bloqueados por equipamento a jusante.

### 1.3.2. Configuração e Ajustes

Como o nome sugere, isto refere-se a quando o equipamento está programado para produção mas não está a funcionar devido a uma mudança ou outros ajustes de equipamento. Uma forma mais universal de o classificar é como uma paragem planeada e é considerada como uma perda de disponibilidade.

Exemplos de razões comuns para a configuração e ajustamentos incluem a configuração, as alterações, os grandes ajustamentos e os ajustamentos de ferramentas. Do ponto de vista geral das paragens planeadas, outras razões regulares incluem limpeza, tempo de aquecimento, manutenção planeada e inspecções de qualidade.

### 1.3.3. Idling e paragens menores

O Idling e as paragens menores representam tempo em que o equipamento pára durante um curto período de tempo, normalmente um ou dois minutos e pode normalmente ser resolvido pelo operador da máquina. Um termo alternativo para paragens em marcha lenta e paragens menores é um termo de pequenas paragens e é considerado como uma perda de desempenho.

As razões padrão para ociosidade e paragens menores incluem encravamentos de material, fluxo de produto obstruído, configurações incorrectas, desalinhamento e limpeza rápida periódica.

Esta categoria inclui normalmente paragens que são bem inferiores a cinco minutos e que não requerem a intervenção de equipas de manutenção, pelo que a maioria das empresas não rastreia com precisão as paragens ociosas e as paragens menores. As questões fundamentais podem acabar por ter um resultado prejudicial, mas devido à pequena duração das paragens, existe ambivalência quanto ao seu impacto.

### 1.3.4. Velocidade reduzida

A velocidade reduzida é responsável pelo tempo em que o equipamento corre mais lentamente que o tempo de ciclo ideal (o tempo teórico mais rápido possível para fabricar uma peça). Outro nome para velocidade reduzida é ciclos lentos e é considerado como uma perda de desempenho.

Exemplos de razões comuns de velocidade reduzida incluem equipamento sujo ou gasto, lubrificação deficiente, materiais abaixo das normas, más condições ambientais, inexperiência do operador, arranque e paragem.

Esta categoria inclui qualquer coisa que impeça o processo de funcionar à sua velocidade máxima teórica, ou à taxa de funcionamento ideal ou à capacidade da placa de identificação, quando o processo de fabrico está a decorrer.

### 1.3.5. Defeitos de processo

Os defeitos de processo são responsáveis por peças defeituosas produzidas durante a produção estável e em estado estável. Isto inclui peças sucateadas, bem como peças que podem ser retrabalhadas, uma vez que OEE mede a qualidade a partir de uma perspectiva de rendimento da primeira passagem. Os defeitos de processo são uma perda de qualidade.

Exemplos de razões comuns para defeitos de processo incluem configurações incorrectas do equipamento, erros de operador ou de manuseamento do equipamento, e expiração do lote, por exemplo, na produção farmacêutica.

### 1.3.6. Rendimento reduzido

O rendimento reduzido é responsável por peças defeituosas produzidas desde o arranque até se atingir uma produção estável e em estado estável. Isto inclui as peças sucateadas, bem como as peças que podem ser retrabalhadas, uma vez que OEE mede a qualidade a partir de uma perspectiva de rendimento na primeira passagem. O rendimento reduzido pode ocorrer após o arranque de qualquer equipamento; no entanto, é normalmente rastreado após a mudança de equipamento. A redução do rendimento é uma perda de qualidade.

Exemplos de razões comuns para a redução do rendimento incluem alterações subótimas, configurações incorrectas quando uma nova peça é executada, equipamento que necessita de ciclos de aquecimento, ou equipamento que cria inerentemente resíduos após o arranque, por exemplo uma prensa web.

Melhoria da qualidade do processo que lhe poupará tempo e dinheiro, além de ajudar a manter a sua reputação no mercado, evitando ao mesmo tempo os riscos e as consequências da recolha de produtos.

## 1.3 BENEFÍCIOS DE OEE

- Garante a utilização do equipamento existente em toda a sua capacidade, reduzindo a necessidade de investimento em outras áreas.
- Dá-lhe uma melhor supervisão do processo de produção, de modo a compreender onde existem os problemas reais e como estabelecê-los prioridades.
- Proporciona um retorno significativo do investimento, quer esteja a aumentar a capacidade, a conduzir eficiências, a lançar novos produtos, e muito mais.

- Ajuda-o a manter a competitividade no mercado, particularmente em indústrias competitivas como a indústria farmacêutica e a fabricação de dispositivos médicos.

# CAPÍTULO 2

## PESQUISA BIBLIOGRÁFICA

Foi realizada uma revisão detalhada da literatura sobre vários aspectos da Eficácia Global do Equipamento, que consiste no conceito e implementação do OEE

- Analisar a avaria.
- Melhoria do valor do OEE.
- Implementação do método TPM.

## 2.1 REVISÃO BIBLIOGRÁFICA

**Pavan Kumar Malviya et al (2015)** sugeriram no seu estudo, a implementação de OEE numa pequena empresa utilizando a metodologia TPM. Para serem bem sucedidas na produção de classe mundial, as organizações devem possuir uma manutenção eficaz. A Eficácia Global do Equipamento (OEE) quantifica que o bom funcionamento da unidade de fabrico e o desempenho relativo à sua capacidade projectada, durante os períodos em que está programada a realização de avarias frequentes nas máquinas, a baixa disponibilidade das instalações, o aumento da rejeição são uma grande ameaça para aumentar os custos operacionais e baixar a produtividade. Finalmente, a disponibilidade da máquina foi aumentada de 69% para 85%, o desempenho f rom 79% para 79%, a qualidade f rom 90% para 96% e o OEE da máquina aumentou de 65% para 80%.

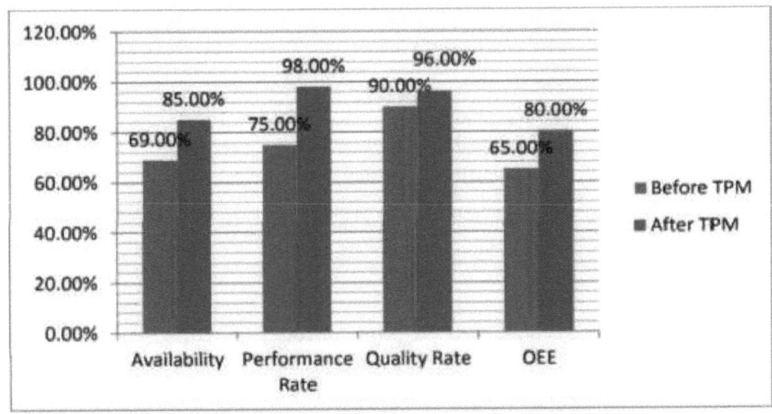


**Figura 2.1** OEE Antes e Depois do TPM

**Ashok kumar et al (2014)** sugeriram no seu estudo, a implementação da eficácia global do equipamento (OEE) em pequenas empresas na Índia. OEE é um método eficaz para analisar a eficiência de uma única máquina e de um sistema integrado. O estudo de caso de OEE foi levado a cabo desde a fase de instalação até à implementação completa. A direcção tomou as decisões confiando nos resultados do OEE e nos seus detalhes, e na eliminação das causas de raiz das perdas por avarias e perdas de velocidade. Finalmente, após a plena implementação, a taxa de qualidade do OEE melhorou mais de 75 percentagens, uma vez que a taxa de disponibilidade melhorou mais de 79 percentagens, e os desempenhos foram mantidos ao mesmo nível.

**Ramesh C.G, et al (2014)** sugeriram no seu estudo e implementaram técnicas TPM e 5S para melhorar a disponibilidade, desempenho e qualidade das máquinas. Embora a técnica TPM, 5S, concepção de multi-fixos tenha sido focalizada, a disponibilidade e desempenho foram significativamente melhorados através da minimização da deterioração e falha do equipamento. Após a implementação da técnica TPM, 5S e concepção de multi-fixos, a disponibilidade da máquina aumentou de 67,73% para 70,78%, o desempenho de 60,63% para

63,91% e o OEE da máquina aumentou de 40,08% para 44,41%.

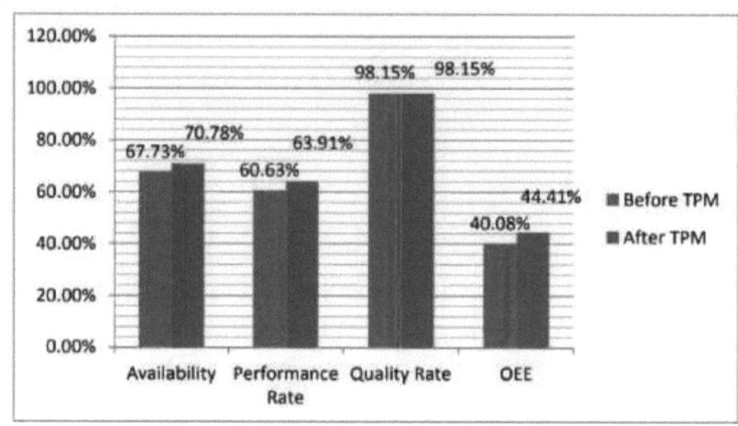


**Figura 2.2** OEE Antes e Depois do TPM

**Humiras Hardi Purba et al (2018)** sugeriram que a medição do nível de eficácia das máquinas/equipamentos utilizando o método da Eficácia Global do Equipamento (OEE). Os resultados de cálculo do OEE obtidos de Julho a Setembro de 2015 com a maior percentagem em Julho de 2015 a 86,05% e a mais baixa em Agosto a 79,58%. Os factores que têm a maior percentagem de grandes perdas cortando o factor de corte no departamento de moldagem por sopro são a velocidade reduzida de 28,98%, perda de danos de 25,98%, perda de ajustamento e de ajustamento de 21,84%, perda de excesso de corte de 11,8%, perda de centro de 6,14, curta terminação de terminação menor de 5,24%. As falhas de equipamento que ocorreram entre Julho e Setembro de 2105 resultaram numa redução da eficácia da maquinaria/equipamento, com a maior percentagem de perda de danos a ocorrer em Agosto a 6,22%.

Adi **Yermia Tobe et al (2018)** investigaram a questão dos artigos rejeitados no local de trabalho. A autora identificou uma forma de integrar a eficácia global do equipamento. Para melhorar o sistema de produção da empresa, avaliou os três factores de medição da máquina: taxa de disponibilidade, taxa de desempenho, e taxa de qualidade. Conduziu uma análise de dados da eficácia total do equipamento com uma taxa de disponibilidade de 88,82%, uma taxa de desempenho de 93,70%, e uma taxa de qualidade de 98,20%, e valores de OEE de 81,73% de melhoria do desempenho da máquina.

**M. VivekPrabhu et al (2014)** sugeriram que o indicador de medida de desempenho OEE é uma ferramenta importante para qualquer cálculo de equipamento e é necessária uma análise cuidadosa para conhecer o efeito de vários componentes. As folhas Excel podem ser utilizadas como a forma mais simples de medir e monitorizar a verdadeira recolha de dados. OEE de mansão é calculado utilizando o Algoritmo Genético. O seu estudo indica que OEE é um dos indicadores de melhoria do desempenho. Para alcançar o OEE de 84,645% e valores optimizados são: Disponibilidade 90%, Taxa de Desempenho95% e Taxa de Qualidade 99%.

**E. Sivaselvam et al (2017)** estudaram todas as indústrias que se encontram em situação de melhorar a sua produtividade. Cada empresa enfrenta muitos problemas desafiantes para produzir uma melhor taxa de produção. Os fabricantes devem ser capazes de identificar mesmo os pequenos factores que afectam o crescimento da produção. A identificação clara do problema no momento certo ajudará a aumentar a qualidade, bem como a taxa de produtividade. Concluiu que um OEE é um método para medir o desempenho do equipamento de produção no fabrico.

**Siddharth S. Ghosh et al (2015)** concentraram-se na máquina de dobragem e a máquina de soldadura foram identificadas como máquinas críticas através da classificação das máquinas. A classificação das máquinas foi feita com base na frequência de operação, volume de operação, falha, disponibilidade de alternativas e factor de custo. O nível OEE existente de máquina de dobragem e máquina de soldadura é de 56,7 % e 59,4 %.

**Zineb Aman et al (2017)** este estudo investiga a análise de falhas de máquinas, de postos desequilibrados e de produtos não conformes e foi realizado por um período de 4 meses.de facto, equilibrámos a linha de montagem, aumentámos a disponibilidade do gargalo de engarrafamento utilizando a ferramenta de equipamento, e propusemos planos de acção para reduzir a taxa de defeitos. Conclui-se que um OEE aumentou a eficiência da linha de montagem em 37,2%, dando uma eficiência de cerca de 76,2%, excedendo os 63% estabelecidos pela empresa.

**Lisbeth de Carmen et al (2020)** concentraram-se em melhorar o desempenho e a produtividade. Assume-se que todos os parâmetros que podem ser medidos, podem ser melhorados. Através deste estudo sistemático e com a formulação e desenvolvimento da proposta e do estado da arte, a evolução, e as tendências futuras dos indicadores OEE foram melhor compreendidas. OEE pode ser utilizado para medir a produtividade do equipamento de movimentação de carga num armazém. Entretanto, no sector dos serviços, OEE pode ser utilizado para medir a satisfação do cliente em termos de disponibilidade, desempenho e qualidade dos serviços recebidos. Além disso, um modelo baseado em OEE pode ser incorporado num cartão de pontuação equilibrado para visualizar a produtividade global de um negócio.

**Binoy Boban, et al (2013)** têm mansão no seu estudo que, presentemente a concorrência é elevada em toda a indústria, o TPM pode ser a única coisa que fica entre o sucesso e o fracasso total para algumas empresas O TPM pode ser adaptado para trabalhar não só em instalações industriais, mas também na construção, manutenção de edifícios, transporte, e em várias outras situações. Se todos os envolvidos num programa TPM fizerem a sua parte, pode ser esperada uma taxa de retorno normalmente elevada em comparação com os recursos investidos. O sucesso do TPM requer um apoio forte e activo da direcção, metas e objectivos organizacionais claros para a implementação do TPM.

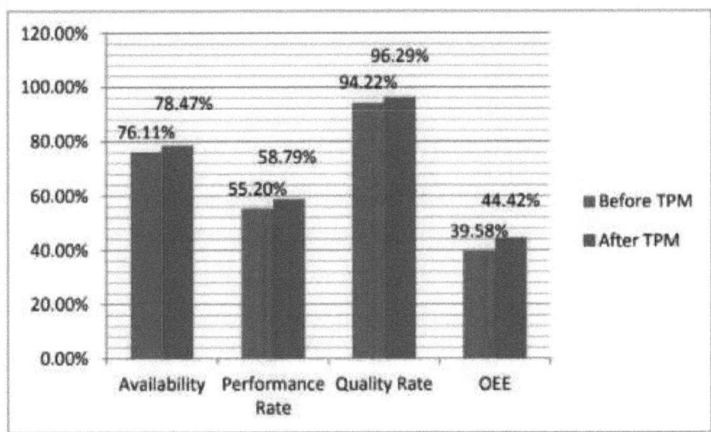


**Figura 2.3** Antes do OEE e depois do TPM

**Ajit. S. Vairagkar et al (2015)** concentraram-se e OEE é aplicável tanto a operações de fabrico como a não-fabricação. OEE pode ser utilizado para salvar empresas que fazem compras inadequadas, e ajudá-las a concentrarem-se na melhoria do desempenho das máquinas e instalações que já possuem. Concluiu que o OEE deveria ser implementado em indústrias micro e de pequena escala. Medindo e comparando continuamente os resultados de dia para dia ou semana para semana, a indústria verá o seu desempenho melhorar. Algumas melhorias do OEE acontecerão devido a uma maior atenção e foco na gestão de activos. Esperamos que esta ferramenta seja utilizada por todas as indústrias de engenharia em todas as escalas.

**Tamer Haddad et al (2021)** estudaram uma evidência considerada forte de quão poderoso ao diminuir as perdas no processo de instalação. Assim, a empresa conseguiu uma melhoria no OEE da linha de produção de extrusão, o que pode aumentar a fiabilidade dos processos, aumentar a estabilidade dos planos de produção, e obter ganhos financeiros como poupança de custos. Este trabalho de investigação está limitado à indústria seleccionada, tipo e dimensão da linha de produção, e às tecnologias de produção disponíveis, estas mudanças e melhorias poderiam ser consideradas ao aplicar esta metodologia a outras empresas de produção semelhantes noutros locais e indústrias.

**Sandeep Singh et al (2019)** estudou para marcar todas as estratégias críticas associadas ao desempenho sustentável e para rastrear todos os possíveis inconvenientes ao medir a eficácia através do OEE (Overall Equipment Effectiveness). OEE é uma ferramenta de Manutenção Produtiva Total (TPM) sem a qual a utilização eficaz dos recursos é uma tarefa difícil. OEE apoia toda a perspectiva de eficácia de forma única e lógica, mas também melhora a vida útil da maquinaria através de melhorias e monitorização nas operações e actividades de manutenção.

**Sunadi et al (2018)** concentraram-se no desempenho da máquina de moldagem por injecção Toshiba. A análise foi realizada através da aplicação de Failure Mode and Effect Analysis (FMEA) com o apoio de outras ferramentas como o gráfico de Pareto, o Diagrama de Causa e Efeito (CED), e seis grandes perdas. Ao seguir todo o quadro da investigaçõo, encontra as causas do porquê de o OEE não atingir o objectivo. Concluiu que existem várias causas para que o OEE não atinja o objectivo. Primeiro, a máquina não é bem mantida devido à inexistência de produtos químicos para a limpeza do permutador de calor. Assim, o óleo da máquina está demasiado quente. Segundo, o método utilizado não tem um excelente sistema para controlar as peças sobressalentes. É necessário mais tempo para reparar uma máquina.

**Beatrice Cristina et al (2007)** têm análise da capacidade e do cálculo do OEE, chegou-se à seguinte conclusão: estes métodos determinam resultados correctos no que diz respeito à optimização eficiente do processo de produção. Com a ajuda da loja de trabalhos, da loja de fluxos, da loja de telemóveis e da análise foram obtidos os seguintes resultados: a percentagem acima/abaixo DPV para operação de gargalo é de -2,28%, a percentagem acima/abaixo DPV para operação de gargalo é de 3,36%.

**Sayuti M et al (2016)** estudou a medida do OEE que é a eficácia média do nível da máquina de pasta de papel. As perdas que têm o efeito mais significativo na baixa eficácia do equipamento global da máquina de pasta de papel é a velocidade reduzida no montante de 27,6%. Para minimizar as perdas, uma das formas que podem ser feitas é mantendo a velocidade real de funcionamento e mantendo o desgaste em cada rolo da máquina de pasta de papel.

**A. J. Gujar et al (2019) concentraram-se** em aumentar a sua produção e eficiência A eficácia global do equipamento (OEE) ajuda a aumentar a eficiência e eficácia da indústria. Conclui-se que a manutenção deste factor acima de 95% e pequenas alterações no processo de fluxo de operação irão aumentar a eficiência da indústria.

**Djama et al (2016)** realizaram um trabalho, sobre o problema do dimensionamento de lotes de um único produto, multiperíodos, multirecursos, sob restrições de capacidade de produção e com tempos e custos de lançamento dependentes da sequência. Uma empresa industrial que fabrica e comercializa tubos termoplásticos. O objectivo deste trabalho é ajudar os decisores a escolher o melhor e mais adequado período do sistema estudado, a fim de minimizar os custos de investimento, satisfazendo ao mesmo tempo as exigências do mercado.

**Mostafa et al (2015)** inferiu que gerou um módulo de planeamento de produção na Microsoft excel para incluir previsão, dimensionamento de lotes e planeamento de produção e lançamento de encomendas. Concluiu que um software especializado fácil de usar pode ser o custo em tempo de selecção de software o custo financeiro da implementação e personalização da flexibilidade, baixo custo, e solução baseada em folha de cálculo.

**Anna szelag-sikora et al (2019)** analisaram uma eficiência da linha de produção, dois índices que a descrevem devem ser cuidadosamente analisados. O primeiro é o desempenho da linha de produção de SLE, que é calculado para o gargalo de engarrafamento. Os resultados obtidos, apresentam o carácter e índices individuais associados à utilização de máquinas e equipamentos de produção na empresa examinada no engarrafamento em PET, garrafas e latas de vidro. Com base nos cálculos, verificou-se que o componente com melhor desempenho do OEE é a qualidade, cujo valor não desceu abaixo dos 95% durante o período considerado. Isto revelou-se um grande resultado para a empresa, considerando o facto de que a fábrica se esforça por obter a melhor qualidade de produção.

**N Fakhri et al (2019)** concentraram-se na melhoria do desempenho. O que deve ser feito para superar o baixo valor do desempenho é a monitorização do desempenho dos empregados nas fases de envidraçamento e embalagem para reduzir o trabalho ineficiente do motor. O valor médio da máquina IQF OEE é 62,87% com um valor de disponibilidade de 96%, desempenho 65,84%, e qualidade 99%. Os valores de OEE nas máquinas IQF ainda estão abaixo do valor padrão de OEE no mundo, que é de 85%, o que é considerado ainda baixo. O principal factor que influencia o baixo valor de OEE nas máquinas IQF é uma redução da velocidade do motor (reduzir velocidade), com uma percentagem de 87%. Outros factores que causam perdas são 6% (marcha lenta e paragens menores), 5,3% (afinação e ajuste), 1,2% (perdas por defeito), e 0,5% (perdas de rendimento). A partir da análise utilizando diagramas de causa e efeito pode ser conhecida a causa da diminuição da velocidade do motor está nos humanos com o factor de indisciplina do empregado na execução da tarefa de modo a que o processo se torne lento.

**Xiaoyan Li et al (2021)** analisou para mostrar que a eficácia da produção no sistema de produção multiprodutos foi significativamente melhorada pelo MPSE. Além disso, MPSE corrige as deficiências dos anteriores métodos de medição OEE em termos de precisão, flexibilidade e melhoria contínua. A fim de verificar os resultados da melhoria, é registada a produção total, que é o principal índice para avaliar o desempenho da produção na empresa. Os resultados totais de produção da Empresa Q de 2016 a 2019 são (os tempos de carga teóricos nos quatro anos são quase os mesmos). Pode-se observar que a produção em 2019 tem um aumento acentuado, em comparação com o aumento constante de 2016 a 2018.

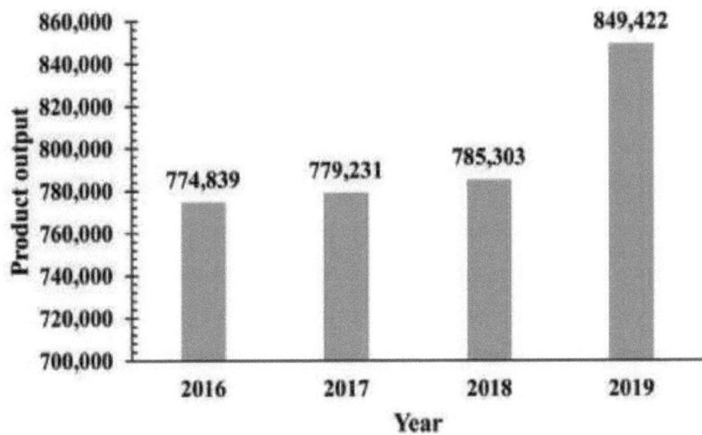


**Figura 2.4** Produção total da Enterprise Q

**Subramaniam S. K et al (2014)** analisou os dados de produção relevantes e valiosos para ajudar a gestão a monitorizar eficientemente os trabalhadores. A informação sobre o capital humano pode optimizar a verdadeira capacidade do desempenho dos trabalhadores. A sensibilização do OEE é essencial para as indústrias quando se trata da tomada de decisões. A métrica simples do OEE traz à luz toda a informação valiosa exigida pela gestão. Os dados de Produção devem ser muito bem interpretados e plenamente utilizados a fim de optimizar os recursos disponíveis dentro do sector industrial. Isto irá reduzir o desperdício e aumentar o rendimento da produção. Ao tomar estas medidas necessárias, as indústrias podem melhorar e manter linhas de produção mais eficientes.

**N. C. Maideen et al (2017)** estudou uma estrutura de enquadramento que foi proposta. Com um exemplo prático em ambiente real de processos de fabrico, o quadro foi discutido. Esta estrutura é benéfica para o engenheiro, especialmente para o principiante, para começar a medir o desempenho da sua máquina e mais tarde melhorar o desempenho da máquina.

## 2.2 BALANÇO DE INVESTIGAÇÃO

A partir da revisão bibliográfica, a empresa enfrentava um problema com o baixo desempenho e a avaria das máquinas. Assim, era essencial chegar até às raízes do problema e necessário corrigi-las para um desempenho desejável, e também o rendimento do processo eram dados variáveis. Para este problema das ferramentas do 7QC, incluindo a utilização de diagramas de Causa e Efeito para identificar a causa e o efeito específicos de falhas de equipamento e utilizar pilares da metodologia de Manutenção Produtiva Total (TPM), como a Manutenção Preventiva e Jishu hozen.

## 2.3 DECLARAÇÃO DE PROBLEMA

A Best Engineering and Stamping Technologies quer reduzir as perdas de tempo de inactividade, programação inadequada e melhorar o desempenho e a disponibilidade da Máquina. Devido a perdas de tempo de inactividade na sequência de problemas estão a ser enfrentados.

- Perda de tempo de paragem não planeada

- Ociosidade e pequenas paragens.

- Reduzir a velocidade de operação.

## 2.4  OBJECTIVO

- Identificar os factores que afectam a produtividade global

- Analisar os dados para a prensa de estampagem.

- Para reduzir a avaria da máquina e as actividades sem valor acrescentado.

- Melhorar e controlar o valor global da eficácia do equipamento (OEE).

- Para alcançar a capacidade de produção óptima.

# CAPÍTULO 3

## METODOLOGIA

## 3.1 METODOLOGIA DE TRABALHO

Será adoptada a seguinte metodologia para este trabalho de projecto.

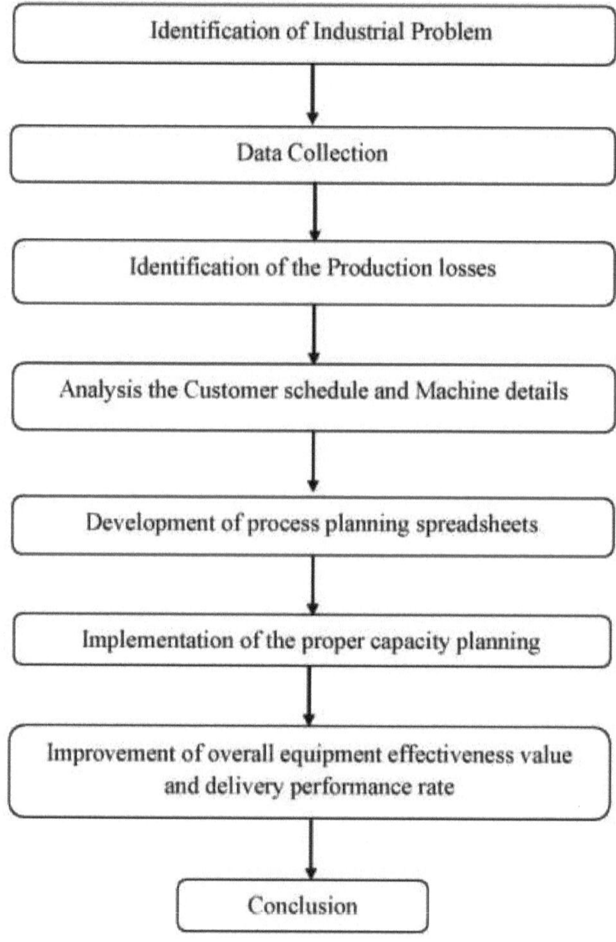

# CAPÍTULO 4

## ANÁLISE DE DADOS DE PERDA POR AVARIA

O tempo de avaria da máquina tem um impacto significativo na produção e tempo de funcionamento da máquina. Além disso, a avaria da máquina leva a problemas de qualidade e à perda de tempo valioso de produção.

A Eficácia Global do Equipamento (OEE) é uma das técnicas de medição da disponibilidade utilizadas para calcular a eficácia da máquina em qualquer empresa. O cálculo do OEE irá ajudar-nos a determinar a taxa de disponibilidade da máquina, a taxa de desempenho, e a taxa de qualidade da peça.

Para calcular OEE, precisamos primeiro de dados de falhas passadas, tais como dados de máquinas ou equipamentos, e um relatório do estado da produção, bem como todas as pausas de turno, tais como pausas para almoço e chá, duração do turno, e taxa de funcionamento ideal.

Assim, primeiro reunir todos os relatórios de desagregação anteriores de Março de 2022 a Abril de 2022. Recolha o número de turnos num mês e o número de férias nesta etapa para calcular a eficácia global adequada do equipamento por turno.

## 4.1 RECOLHA DE DADOS

Dados recolhidos a partir dos últimos dois meses de relatórios de desagregação e produção (Março de 2022 - Abril de 2022).

### 4.1.1 Relatório de Discriminação de Março de 2022

| March 2022 Report (24 working day/ 48 Shifts) | | | |
|---|---|---|---|
| **Date** | **Machine Name** | **Break down losses** | **Total Time in Minutes** |
| 01.03.2022 | T6,T7,T1,T8,T9,T10 | No plan | 3420 |
| 02.03.2022 | T6,T7,T1,T8,T9,T10 | No plan | 2940 |
| 03.03.2022 | T1 to T11 | Power cut | 660 |
| 03.03.2022 | T6,T7 | No plan | 1840 |
| 03.03.2022 | T11 | Die problem | 500 |
| 04.03.2022 | T1 to T11 | Power cut | 990 |
| 04.03.2022 | T6,T7,T1,T8,T9,T10 | No plan | 2070 |
| 05.03.2022 | T4,T5 | Crack problem | 400 |
| 05.03.2022 | T6,T7,T1 | No plan | 2900 |
| 07.03.2022 | T1 to T11 | Power cut | 825 |
| 07.03.2022 | T6,T7,T1,T8,T9,T10 | No plan | 2715 |
| 08.03.2022 | T6,T7,T1,T8,T9,T10 | No plan | 5100 |
| 09.03.2022 | T3 | Job over lap | 80 |
| 09.03.2022 | T8 | Line pin problem | 100 |
| 09.03.2022 | T6,T7 | No plan | 1620 |
| 10.03.2022 | T2 | Ejection problem | 200 |
| 10.03.2022 | T5 | Die filler bush damage | 300 |
| 10.03.2022 | T6,T7,T1,T8,T9,T10 | No plan | 1360 |

| Date | Machine | Reason | Minutes |
|---|---|---|---|
| 10.03.2022 | T11 | Die problem | 900 |
| 11.03.2022 | T6,T7 | No plan | 3240 |
| 12.03.2022 | T6,T7,T8,T9,T10 | No plan | 2640 |
| 14.03.2022 | T5 | Linear bush broken | 800 |
| 14.03.2022 | T6,T7 | No plan | 1840 |
| 15.03.2022 | T6,T7,T8,T9,T10 | No plan | 2700 |
| 16.03.2022 | T6,T7,T8,T9,T10 | No plan | 735 |
| 16.03.2022 | T1 to T11 | Power cut | 214 |
| 17.03.2022 | T1 to T11 | Power cut | 660 |
| 17.03.2022 | T6,T7,T1,T10 | No plan | 4380 |
| 18.03.2022 | T1 to T11 | MD meeting | 990 |
| 18.03.2022 | T6,T7,T1,T8,T9,T10 | No plan | 6000 |
| 19.03.2022 | T1 to T11 | Power cut | 495 |
| 19.03.2022 | T4 | Grease problem | 60 |
| 19.03.2022 | T6,T7,T1 | No plan | 3045 |
| 21.03.2022 | T6,T7,T1,T8,T9,T10 | No plan | 3600 |
| 22.03.2022 | T6,T7,T1,T8,T9,T10 | No plan | 4185 |
| 22.03.2022 | T1 to T11 | Power cut | 495 |
| 23.03.2022 | T4 | Centre bolt | 130 |
| 23.03.2022 | T6,T7,T1,T8,T9,T10 | No plan | 2990 |
| 24.03.2022 | T6,T7,T1,T8,T9,T10 | No plan | 340 |
| 24.03.2022 | T1 to T11 | Air compressor problem | 720 |
| 24.03.2022 | T11 | Die problem | 1160 |
| 25.03.2022 | T1 to T11 | Pallet nil | 2220 |

| 25.03.2022 | T6,T7,T1 | No plan | 2340 |
| 26.03.2022 |  | Sharing machine problem | 1520 |
| 26.03.2022 | T6,T7,T1 | No plan | 3340 |
| 28.03.2022 | T1,T2,T3,T4,T5,T6 | RM problem | 1640 |
| 28.03.2022 | T6,T7,T1 | No plan | 3340 |
| 29.03.2022 | T1 to T11 | Production complete | 6300 |
| 30.03.2022 | T1 to T11 | Machines cleaning | 11400 |
| Total |  |  | 102439 |

Quadro 4.1 Relatório de Discriminação (Março de 2022)

## 4.1.2 Relatório de Discriminação de Abril de 2022

<table>
<tr><th colspan="4" align="center">April 2022 Report (25 working day/ 49 Shifts)</th></tr>
<tr><th>Date</th><th>Machine Name</th><th>Break down losses</th><th>Total Time in Minutes</th></tr>
<tr><td>01.04.2022</td><td>T6,T7,T1,T8,T9,T10</td><td>No plan</td><td>3120</td></tr>
<tr><td>02.04.2022</td><td>T11</td><td>Die problem</td><td>1500</td></tr>
<tr><td>02.04.2022</td><td>T6,T7,T1</td><td>No plan</td><td>2880</td></tr>
<tr><td>04.04.2022</td><td></td><td>Air level problem</td><td>330</td></tr>
<tr><td>04.04.2022</td><td></td><td>Air compressor Maintenance work</td><td>660</td></tr>
<tr><td>04.04.2022</td><td>T6,T7,T1,T8,T9,T10</td><td>No plan</td><td>2610</td></tr>
<tr><td>05.04.2022</td><td>T11</td><td>Die problem</td><td>80</td></tr>
<tr><td>05.04.2022</td><td></td><td>Air leakage</td><td>120</td></tr>
</table>

| 05.04.2022 | T6,T7,T1 | No plan | 1180 |
|---|---|---|---|
| 06.04.2022 | T1 | No plan | 2760 |
| 07.04.2022 | T4,T5 | Overlap problem | 600 |
| 07.04.2022 | T6,T7 | No plan | 2340 |
| 08.04.2022 | T6,T7,T8,T9,T10 | No plan | 4860 |
| 09.04.2022 | T11 | Die problem | 400 |
| 09.04.2022 | T6,T7,T8,T9,T10 | No plan | 2720 |
| 11.04.2022 | T11 | Die problem | 400 |
| 11.04.2022 | T6,T7 | No plan | 2060 |
| 12.04.2022 | T6,T7,T8,T9,T10 | No plan | 2040 |
| 13.04.2022 | T1 to T11 | Power cut | 385 |
| 13.04.2022 |  | Air problem | 330 |
| 13.04.2022 | T6,T7,T8,T9,T10 | No plan | 5185 |
| 15.04.2022 | T6,T7,T8,T9,T10 | No plan | 510 |
| 16.04.2022 | T6,T7,T8,T9,T10 | No plan | 4290 |
| 16.04.2022 | T4 | Grease leakage | 510 |
| 18.04.2022 | T11 | Die problem | 600 |
| 18.04.2022 | T1 to T6 | Fork life delay | 360 |
| 18.04.2022 | T6,T7,T8,T9,T10 | No plan | 3660 |
| 19.04.2022 | T2 | Die problem | 320 |
| 19.04.2022 | T6,T7 | No plan | 1960 |
| 20.04.2022 | T11 | Die problem | 600 |
| 20.04.2022 | T6,T7,T8,T9,T10 | No plan | 2820 |
| 21.04.2022 | T6,T7,T8,T9,T10 | No plan | 1980 |
| 21.04.2022 | T11 | Die problem | 420 |
| 22.04.2022 | T6,T7,T1 | No plan | 1980 |
| 23.04.2022 | T6,T7,T1,T8,T9,T10 | No plan | 3400 |
| 23.04.2022 | T11 | Die problem | 800 |

| 25.04.2022 | T6,T7,T1,T8,T9,T10 | No plan | 7620 |
|---|---|---|---|
| 26.04.2022 | T11 | Die problem | 400 |
| 26.04.2022 | T7,T8,T9,T10 | No plan | 2540 |
| 27.04.2022 | T11 | Die problem | 700 |
| 27.04.2022 | T6,T7,T8,T9,T10 | No plan | 2000 |
| 28.04.2022 | T11 | Die problem | 660 |
| 28.04.2022 | T6,T8,T9,T10 | No plan | 3540 |
| 29.04.2022 | T2 | Liner bolt damage | 200 |
| 29.04.2022 | T8,T9,T10 | No plan | 2500 |
| 30.04.2022 | T6,T7,T1,T8,T9,T10 | No plan | 3130 |
| 30.04.2022 | T1 to T11 | Power cut | 770 |
| Total | | | 84830 |

**Quadro 4.2** Relatório de Discriminação (Abril 2022)

O passo seguinte é recolher o relatório de produção passado de Março de 2022 - Abril de 2022. O Relatório de Produção irá ajudar-nos no cálculo da taxa de disponibilidade.

### 4.1.3  Relatório de Produção de Março de 2022 - Abril de 2022

| Month | Total Pieces Produce / Month | Rejected Pieces | Good Pieces |
|---|---|---|---|
| March-22 | 352737 | 487 | 352250 |
| April-22 | 367023 | 413 | 366610 |
| Total | 719760 | 900 | 718860 |

**Quadro 4.3** Relatório de produção (Março 2022 - Abril 2022)

Assim, após a etapa de recolha de dados, analisamos estes dados e utilizamos a Fórmula de OEE para calcular a taxa de Disponibilidade, Desempenho e Qualidade para conhecer a Eficácia Global do Equipamento em Tempo Real da Best Engineering and Stamping Technologies Company.

| Month | Time Losses in Minutes | Working Day | Total Shift | Losses/Shift in Minutes |
|---|---|---|---|---|
| March | 102439 | 24 | 48 | 2134 |
| April | 84830 | 25 | 49 | 1731 |
| Total | 187269 | 49 | 97 | 3865 |

**Tabela 4.4** Relatório de perdas (Março 2022 - Abril 2022)

## 4.2. CÁLCULO DE DADOS DE OEE

Cálculo da Eficácia Global do Equipamento (OEE) por 1 turno

- Disponibilidade = (Tempo líquido disponível + Tempo total disponível) x100

> Tempo líquido disponível = Tempo total disponível - Tempo total de paragem

> Tempo de funcionamento da instalação = 12 horas x 60 = 720 minutos

> Tempo total disponível = 720 - 120 = 600 minutos

- Desempenho = Quantidade Real Produzida^ Quantidade Planeada de acordo com as normas

- Qualidade = (Rejeição Quantidade/Quantidade Produzida) x100

| Month | Plant Operating Time/shift in Min | Break Time | Total available time /Shift in Min | Losses/Shift in Min | Total Pieces/ Shift | Rejected Pieces/ Shift | Good Pieces/ Shift |
|---|---|---|---|---|---|---|---|
| March | 720 | 120 | 600 | 2134 | 352737 | 487 | 352250 |
| April | 720 | 120 | 600 | 1731 | 367023 | 413 | 366610 |
| Total | 1440 | 240 | 1200 | 3865 | 719760 | 900 | 718860 |

**Quadro 4.5** Cálculo e Análise de Dados (Março 2022 - Abril 2022)

| Month | Availability | Performance | Quality | OEE=A×P×Q |
|---|---|---|---|---|
| March | 41 | 70 | 99 | 28 |
| April | 43 | 71 | 99 | 30 |

**Tabela 4.6** Cálculo manual do valor do OEE

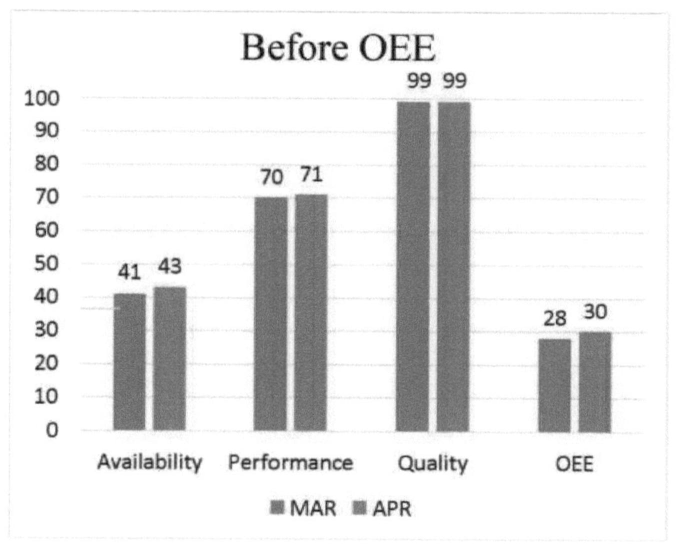


**Figura 4.1** Antes da implementação de OEE

A partir dos dados recolhidos durante o mês de Março de 2022 a Abril de 2022, estamos habituados a calcular a Eficácia Global do Equipamento, multiplicando a taxa de desempenho e qualidade com a disponibilidade. Ao calcular o OEE podemos identificar que a máquina é menos OEE devido à menor disponibilidade da máquina. Assim, identificamos as possíveis causas pelas quais a máquina não está a funcionar e que têm de melhorar a taxa de disponibilidade. Com a ajuda do diagrama de espinha de peixe estamos a obter as causas possíveis para menos OEE. O diagrama de causa e efeito também nos ajuda a perceber por que razão a máquina não está a funcionar e as suas causas.

## 4.3  ANÁLISE DA CAUSA RAIZ

O diagrama de causa e efeito é utilizado para decompor um processo nas principais categorias que afectam o processo. Estas incluem o ambiente, as pessoas. Materiais, método, homem e máquinas. Estas seis áreas definem todas as causas possíveis de variação do processo. A análise da causa e do efeito é um passo natural entre o fluxograma e a recolha efectiva de dados. Esta ferramenta pode ser utilizada em todas as áreas de uma organização, e não apenas no ciclo de fabrico ou de produção. As aplicações vão desde a identificação da qualidade até à garantia de funcionários bem treinados e bem educados.

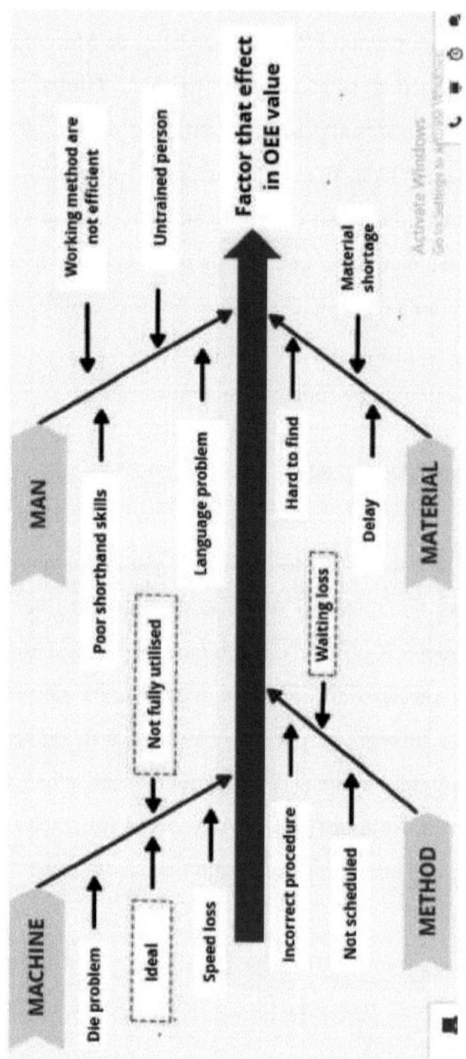



**Figura 4.2** Diagrama de causa e efeito

# CAPÍTULO 5

## DESCOBERTA E FACTORES

## 5.1  PROBLEMAS E PERDAS ENCONTRADOS NA MELHOR INDÚSTRIA

As Seis Grandes Perdas são formas de desperdício. Não acrescentam valor aos produtos. Em vez disso, reduzem a eficácia de uma máquina (que é medida pelo OEE). Para aplicar o OEE e participar em actividades de melhoramento, é importante utilizar este conhecimento sobre os diferentes tipos de perdas relacionadas com o equipamento.

O gráfico de barras pode ser utilizado para identificar perdas significativas e problemas de produção.

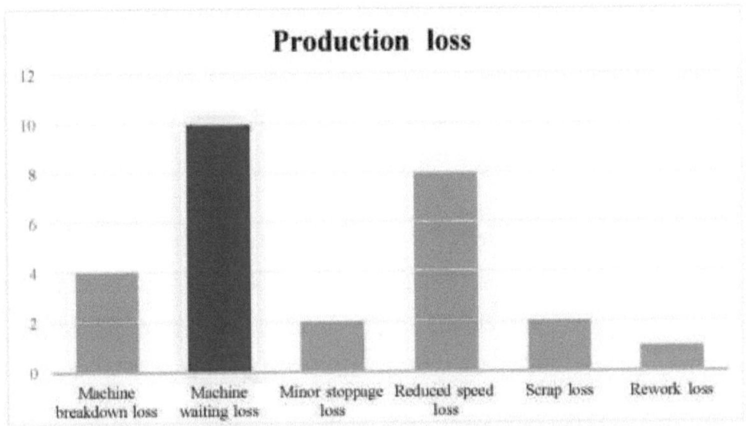


**Figura 5.1 Perda de produção**

## 5.2  GRANDES PROBLEMAS A IDENTIFICAR

- Fluxo de informação de documentação manual
- Perda em espera

37

- Problema de morte

## 5.2.1 Perda de máquina à espera

Uma perda de espera ocorre quando a máquina está à espera de algo. Isto pode ser ainda mais dividido em sub-categorias: ocioso ou restrição de linha. Em primeiro lugar, quando uma máquina está inactiva, significa que se perdeu tempo de produção porque a máquina não fabrica quaisquer produtos. Por exemplo, quando ocorre uma mudança, a máquina tem normalmente de parar de produzir durante algum tempo para mudar ferramentas, matrizes, ou outras peças. Uma perda de espera ocorre quando a máquina está à espera de algo. Isto pode ser ainda mais dividido em sub-categorias: ocioso ou restrição de linha. Em primeiro lugar, quando uma máquina está inactiva, significa que o tempo de produção foi perdido porque a máquina não fabrica quaisquer produtos. Por exemplo, quando ocorre uma mudança, a máquina tem normalmente de parar de produzir durante algum tempo para mudar ferramentas, matrizes, ou outras peças. Em segundo lugar, quando ocorre uma restrição da linha, significa que a máquina está parada devido a problemas de abastecimento ou transporte na linha de produção. Isto aconteceria quando o operador está à espera de material, quer das lojas ou da máquina anterior.

O fluxo do processo refere-se às várias operações que ocorrem em cada secção. A melhor engenharia tem duas linhas de produção. A primeira linha tem seis máquinas dispostas horizontalmente. Por exemplo, a primeira parte da fig. 5.2 é 71682, que tem seis operações, e a segunda parte da fig. 5.3 é 64586, que tem cinco operações. Na primeira parte, existem máquinas preenchidas, pelo que cada máquina está a trabalhar para produzir a peça, mas na segunda parte, existem cinco operações, pelo que a disponibilidade é seis, mas apenas são necessárias cinco máquinas, pelo que uma máquina pode ser ideal e é considerada uma perda de espera.

**Figura 5.2** Operações fixas para utilizar todas as máquinas

**Figura 5.3** Máquina ideal e à espera da próxima operação

## 5.2.2 Fluxo de informação de documentação manual

Na melhor engenharia, os dados são recolhidos utilizando o método tradicional de trabalho em papel. A recolha de dados é ineficiente e mais demorada.

**Figura 5.4** Documentação manual

A máquina alimentadora de bobinas de prensa T11 tem um problema particular com a maioria dos troquéis. A velocidade da máquina de prensar e a alimentação automática da bobina geram uma elevada taxa de perda de avarias no molde, o que tem um impacto na produção e não no prazo de entrega.

**Figure 5.5** 250 Ton machine problem

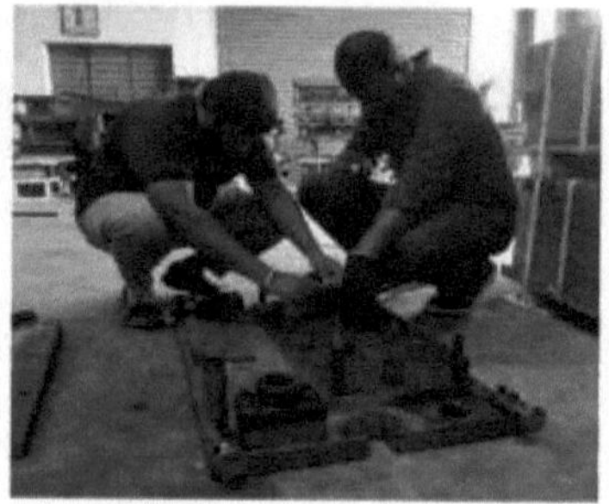

**Figure 5.6** Die problem to be identified

## 5.3  GRANDES PROBLEMAS DE MORTE

### 5.3.1  Buraco de salto de sucata

1)  O comprimento do punção não é suficiente, cortar no molde de acordo

com a borda do punção, adicionar uma espessura de 1mm para substituir o punção.

2) A fenda do molde é demasiado grande, cortar a inserção para reduzir a fenda ou utilizar uma máquina de drapejamento para reduzir a fenda.

3) Se o punção ou modelo não for desmagnetizado, utilizar um desmagnetizador para desmagnetizar o punção ou modelo.

### 5.3.2 Bloqueio de furos com resíduos

1) O buraco de obturação é pequeno ou o buraco de obturação é compensado para aumentar o buraco de obturação para tornar a obturação suave.

2) O buraco de obturação é chanfrado, aumentar o buraco de obturação para remover o chanfro.

3) O cone do fio da faca não é colocado, o cone da linha de corte ou o furo de expansão do lado oposto reduz o comprimento da parede recta.

4) A parede recta do fio da faca é demasiado comprida, e o reverso é perfurado para encurtar a parede recta do fio da faca.

5) A aresta cortante desabou, resultando num grande drapeado, bloqueando o material e voltando a moer a aresta cortante.

### 5.3.3 Má cobertura

1) A aresta cortante desabou, fazendo com que o drapeado fosse demasiado grande e voltando a moer a aresta cortante.

2) O intervalo entre o punção e o dado é demasiado grande, a linha é cortada no bloco, e o intervalo é reconfigurado.

3) O mau acabamento do fio da faca do troquel e do fio da faca polida tem uma parede reta.

4) O intervalo entre o murro e o dado é demasiado pequeno, salvar o dado novamente e igualar o intervalo.

5) Se a força de ejeção for demasiado grande, puxar a frente para mudar a

mola para reduzir a força de ejeção.

### 5.3.4  Arestas de corte desiguais

1) Posicionamento do posicionamento de ajuste de offset.

2) Com moldagem unilateral, puxar o material para aumentar a força de prensagem e ajustar o posicionamento.

3) Erro de concepção, resultando em ligação desigual da faca, corte de linha e inserção de aresta de corte.

4) A alimentação não é permitida para ajustar o alimentador.

5) O cálculo da etapa de alimentação está errado, recalcular a etapa, e voltar a fixar a posição da ferramenta.

### 5.3.5  O murro é fácil de quebrar

1) A altura de fecho é demasiado baixa, e a ponta de corte do punção é demasiado comprida para ajustar a altura de fecho.

2) O posicionamento inadequado do material faz com que o punção corte um lado, ajuste o posicionamento, ou o dispositivo de alimentação se parta devido a força desigual.

3) Um pedaço do molde inferior bloqueia o fio da faca, fazendo com que o punção se parta e volte a furar o grande buraco de obturação para tornar a obturação suave.

4) A parte fixa do punção (tala) e a parte guia é reparada ou recortada no bloco para fazer o punção subir e descer suavemente (embarque).

5) O guia da tábua de perfuração é pobre, fazendo com que a força unilateral do soco volte a preencher o espaço de perfuração.

### 5.3.6  Pobre germinação

1) O centro do buraco inferior do broto e o centro do punção do broto não coincidem. Determinar a posição central correcta, ou mover a posição do punção

do broto, ou mover o lado do broto do lado alto para baixo ou mesmo quebrar a posição de pré-perfuração, ou ajustar o posicionamento.

2) O intervalo entre as matrizes é irregular, resultando no corte de rebentos baixos do lado de alta e no corte de rebentos baixos ou mesmo na quebra.

3) O furo inferior da brotação não satisfaz os requisitos, resultando na altura da brotação e no recálculo do diâmetro do furo inferior. O furo de pré-perfuração aumenta ou reduz o desvio do diâmetro ou mesmo quebra.

### 5.3.7 Má rebitagem

1) Altura de fecho do molde inadequada, rebitagem não está no lugar, ajustando a altura de fecho.

2) A peça não é colocada no lugar, e o desvio de posicionamento é ajustado.

3) Antes de rebitar, se a peça for má, confirmar o furo de brotação. Consultar a solução do furo de rebitagem para confirmar se o furo de rebitagem está chanfrado. Se não houver chanfro, aumente o chanfro.

4) O comprimento do punção de rebitagem não é suficiente para substituir o punção por um comprimento adequado.

5) O punção de rebitagem não cumpre os requisitos, confirmar e utilizar o punção de rebitagem que cumpre os requisitos.

# CAPÍTULO 6

# DESENVOLVIMENTO DE FOLHAS DE CÁLCULO DE PLANEAMENTO DE PROCESSOS

## 6.1 FOLHA DE CÁLCULO DE PLANEAMENTO DE CAPACIDADE

A Análise de Capacidade é uma avaliação das capacidades de produção numa fábrica ou instalação similar. É também uma avaliação de uma fábrica, processo de produção, linha, ou máquina para determinar a sua taxa máxima de produção. O nosso Modelo Excel de Análise de Capacidade é um dos nossos modelos mais populares de cadeia de fornecimento e operação. Se adora este modelo, também vai querer verificar a nossa análise de marca ou compra, custo de qualidade, análise de paragem e modelos de programação mestre de produção.

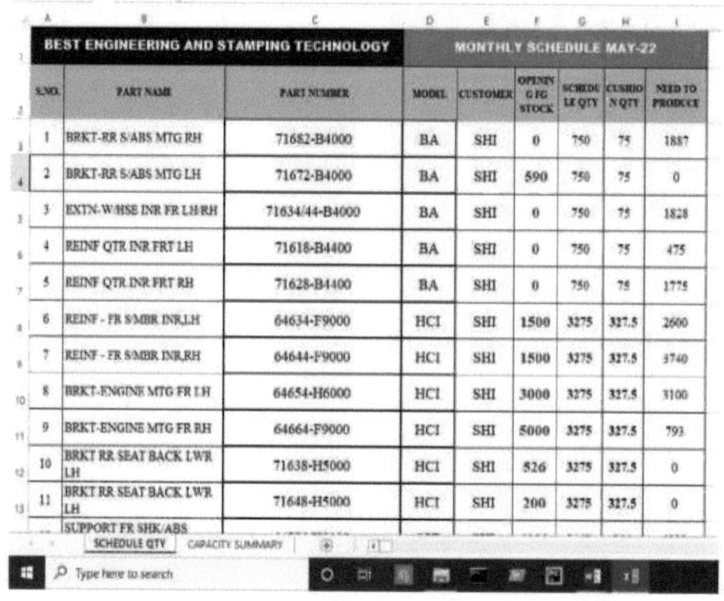

| BEST ENGINEERING AND STAMPING TECHNOLOGY | | | MONTHLY SCHEDULE MAY-22 | | | | | |
|---|---|---|---|---|---|---|---|---|
| S.NO. | PART NAME | PART NUMBER | MODEL | CUSTOMER | OPENIN G FG STOCK | SCHEDU LE QTY | CUSHIO N QTY | NEED TO PRODUCE |
| 1 | BRKT-RR S/ABS MTG RH | 71682-B4000 | BA | SHI | 0 | 750 | 75 | 1887 |
| 2 | BRKT-RR S/ABS MTG LH | 71672-B4000 | BA | SHI | 590 | 750 | 75 | 0 |
| 3 | EXTN-W/HSE INR FR LH/RH | 71634/44-B4000 | BA | SHI | 0 | 750 | 75 | 1828 |
| 4 | REINF QTR INR FRT LH | 71618-B4400 | BA | SHI | 0 | 750 | 75 | 475 |
| 5 | REINF QTR INR FRT RH | 71628-B4400 | BA | SHI | 0 | 750 | 75 | 1775 |
| 6 | REINF - FR S/MBR INR,LH | 64634-F9000 | HCI | SHI | 1500 | 3275 | 327.5 | 2600 |
| 7 | REINF - FR S/MBR INR,RH | 64644-F9000 | HCI | SHI | 1500 | 3275 | 327.5 | 3740 |
| 8 | BRKT-ENGINE MTG FR LH | 64654-H6000 | HCI | SHI | 3000 | 3275 | 327.5 | 3100 |
| 9 | BRKT-ENGINE MTG FR RH | 64664-F9000 | HCI | SHI | 5000 | 3275 | 327.5 | 793 |
| 10 | BRKT RR SEAT BACK LWR LH | 71638-H5000 | HCI | SHI | 526 | 3275 | 327.5 | 0 |
| 11 | BRKT RR SEAT BACK LWR LH | 71648-H5000 | HCI | SHI | 200 | 3275 | 327.5 | 0 |
| | SUPPORT FR SHK/ABS | | | | | | | |



**Figura 6.1** Folha de cálculo da análise de capacidade

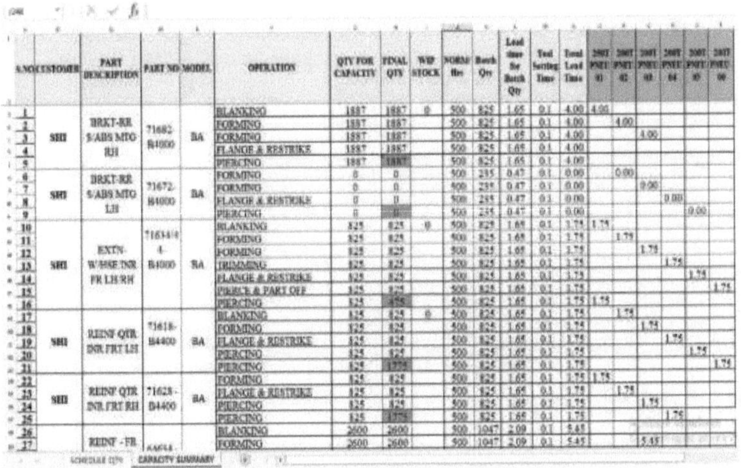

| A.NO | CUSTOMER | PART DESCRIPTION | PART NO | MODEL | OPERATION | QTY FOR CAPACITY | FINAL QTY | WIP STOCK | NORM Hrs | Batch Qty | Lead time for Batch Qty | Tool Setting Time | Total Lead Time | 2SHT PNT1 01 | 2SHT PNT1 02 | 2SHT PNT1 03 | 2SHT PNT1 04 | 2SHT PNT1 05 | 2SHT PNT1 06 |
|---|---|---|---|---|---|---|---|---|---|---|---|---|---|---|---|---|---|---|---|
| 1 | SHI | BRKT-RR S/ABS MTG RH | 71682-B4000 | BA | BLANKING | 1887 | 1887 | 0 | 500 | 825 | 1.65 | 0.1 | 4.00 | 4.00 | | | | | |
| 2 | | | | | FORMING | 1887 | 1887 | | 500 | 825 | 1.65 | 0.1 | 4.00 | | 4.00 | | | | |
| 3 | | | | | FORMING | 1887 | 1887 | | 500 | 825 | 1.65 | 0.1 | 4.00 | | | 4.00 | | | |
| 4 | | | | | FLANGE & RESTRIKE | 1887 | 1887 | | 500 | 825 | 1.65 | 0.1 | 4.00 | | | | | | |
| 5 | | | | | PIERCING | 1887 | 1887 | | 500 | 825 | 1.65 | 0.1 | 4.00 | | | | | | |
| 6 | SHI | BRKT-RR S/ABS MTG LH | 71672-B4000 | BA | FORMING | 0 | 0 | | 500 | 235 | 0.47 | 0.1 | 0.00 | | 0.00 | | | | |
| 7 | | | | | FORMING | 0 | 0 | | 500 | 235 | 0.47 | 0.1 | 0.00 | | | 0.00 | | | |
| 8 | | | | | FLANGE & RESTRIKE | 0 | 0 | | 500 | 235 | 0.47 | 0.1 | 0.00 | | | | 0.00 | | |
| 9 | | | | | PIERCING | 0 | 0 | | 500 | 235 | 0.47 | 0.1 | 0.00 | | | | | 0.00 | |
| 10 | SHI | EXTN W/HSE TNR FR LH RH | 71634-4-B4000 | BA | BLANKING | 825 | 825 | 0 | 500 | 825 | 1.65 | 0.1 | 1.75 | 1.75 | | | | | |
| 11 | | | | | FORMING | 825 | 825 | | 500 | 825 | 1.65 | 0.1 | 1.75 | | 1.75 | | | | |
| 12 | | | | | FORMING | 825 | 825 | | 500 | 825 | 1.65 | 0.1 | 1.75 | | | 1.75 | | | |
| 13 | | | | | TRIMMING | 825 | 825 | | 500 | 825 | 1.65 | 0.1 | 1.75 | | | | 1.75 | | |
| 14 | | | | | FLANGE & RESTRIKE | 825 | 825 | | 500 | 825 | 1.65 | 0.1 | 1.75 | | | | | 1.75 | |
| 15 | | | | | PIERCE & PART OFF | 825 | 825 | | 500 | 825 | 1.65 | 0.1 | 1.75 | | | | | | 1.75 |
| 16 | | | | | PIERCING | 825 | 825 | | 500 | 825 | 1.65 | 0.1 | 1.75 | 1.75 | | | | | |
| 17 | SHI | REINF QTR INR FRT LH | 71618-B4400 | BA | BLANKING | 825 | 825 | 0 | 500 | 825 | 1.65 | 0.1 | 1.75 | | 1.75 | | | | |
| 18 | | | | | FORMING | 825 | 825 | | 500 | 825 | 1.65 | 0.1 | 1.75 | | | 1.75 | | | |
| 19 | | | | | FLANGE & RESTRIKE | 825 | 825 | | 500 | 825 | 1.65 | 0.1 | 1.75 | | | | 1.75 | | |
| 20 | | | | | PIERCING | 825 | 825 | | 500 | 825 | 1.65 | 0.1 | 1.75 | | | | | 1.75 | |
| 21 | | | | | PIERCING | 825 | 825 | | 500 | 825 | 1.65 | 0.1 | 1.75 | | | | | | 1.75 |
| 22 | SHI | REINF QTR INR FRT RH | 71628-B4400 | BA | FORMING | 825 | 825 | | 500 | 825 | 1.65 | 0.1 | 1.75 | 1.75 | | | | | |
| 23 | | | | | FLANGE & RESTRIKE | 825 | 825 | | 500 | 825 | 1.65 | 0.1 | 1.75 | | 1.75 | | | | |
| 24 | | | | | PIERCING | 825 | 825 | | 500 | 825 | 1.65 | 0.1 | 1.75 | | | 1.75 | | | |
| 25 | | | | | PIERCING | 825 | 825 | | 500 | 825 | 1.65 | 0.1 | 1.75 | | | | 1.75 | | |
| 26 | | REINF -FR | KAGLI | | BLANKING | 2600 | 2600 | | 500 | 1047 | 2.09 | 0.1 | 5.45 | | | | | | |
| 27 | | | | | FORMING | 2600 | 2600 | | 500 | 1047 | 2.09 | 0.1 | 5.45 | | 5.45 | | | | |

SCHEDULE QTY · CAPACITY SUMMARY

**Figura 6.2** Folha de cálculo de capacidade de planeamento

## 6.2 FOLHA DE CÁLCULO DO PLANO DE CARREGAMENTO DIÁRIO DA MÁQUINA

O carregamento de uma máquina é um plano para equilibrar a oferta e a procura na produção de uma mercadoria. Acompanha a produção de um produto durante um período de tempo, e é uma peça fundamental de qualquer negócio de fabrico.

Como qualquer cronograma, um calendário de produção é construído para ser flexível. Responde às flutuações da procura e estabelece inventários para evitar a ruptura de stock. A utilização do nosso modelo de programação de produção gratuita para excel irá ajudá-lo a melhorar a eficiência e controlar os custos. Tudo sobre o processo de fabrico é coberto por este modelo. Ajuda-o a determinar o que precisa de ser produzido, quanto dele precisa de ser feito e quando precisa de acontecer.

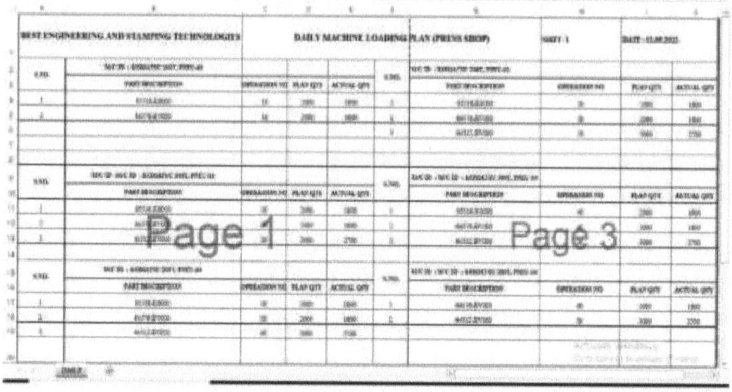

**Figura 6.3** Folha de cálculo do plano de carregamento diário da máquina

## 6.3 FOLHA DE CÁLCULO DO INVENTÁRIO DIÁRIO

Uma folha de cálculo de inventário é uma ferramenta útil para recolher e armazenar informação básica sobre os artigos que tem no seu armazém, bem como sobre como obter mais quando chegar a altura. O Fishbowl oferece uma folha de cálculo de inventário que pode utilizar como guia para começar a gerir o inventário.

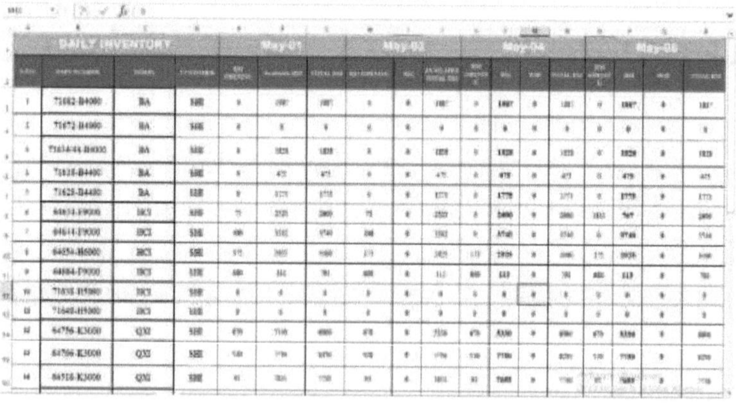

**Figura 6.4** Folha de cálculo do inventário diário

## 6.4 FOLHA DE CÁLCULO DO LEAD TIME DE PRODUÇÃO

O prazo de produção é melhor descrito como o tempo necessário para criar um produto e entregá-lo ao consumidor. Como mencionado anteriormente, isto pode envolver quanto tempo leva a obter os materiais e produtos de outros fornecedores, se não estiver a fazer a sua oferta inteiramente interna. Pode parecer que o tempo de produção é algo fora do seu controlo se estiver a confiar em produtos ou materiais subcontratados. No entanto, mesmo que não consiga fazer com que a sua cadeia de fornecimento funcione mais rapidamente para se adequar às suas necessidades, pode realmente controlar como os prazos de entrega afectam o seu negócio, uma vez que compreenda quanto tempo levará, em média, a completar o processo de fabrico.

| Best Engineering and stamping technology | | | | **PRODUCTION LEAD TIME(PLT)** | | | | | |
|---|---|---|---|---|---|---|---|---|---|
| **PART NAME : SEPARATOR 1** | | | **PART NUMBER : TJEX-M20-00024 / 25** | | | | **MODEL : XH5** | | |
| S.NO | SEQUENCE OF OPERATION | MACHINE | OUTPUT/ Hrs | TOOL SETTING TIME ( in Hrs) | BATCH QTY/LOT | LEAD TIME IN Hrs | TOTAL LEAD TIME PRODUCTION | CUMULATIVE IN Hrs | REMARKS |
| 1 | BLANKING | 110T | 8 | 0.5 | 200 | 25.0 | 25.5 | 2.7 | |
| 2 | PIERCING | 75T | 8 | 0.5 | 200 | 25.0 | 25.5 | 5.3 | For individual operation |
| 3 | FINAL FORMING &XXTRUTION | 75T | 8 | 0.5 | 200 | 25.0 | 25.5 | 8.0 | |
| | | | | | | | TOTAL PLT | 8.0 | |

| **PART NAME : GESTAMP** | | | **PART NUMBER : 765656113R** | | | | **MODEL : H-79** | | |
|---|---|---|---|---|---|---|---|---|---|
| S.NO | SEQUENCE OF OPERATION | MACHINE | OUTPUT/ Hrs | TOOL SETTING TIME ( in Hrs) | BATCH QTY/LOT | LEAD TIME IN Hrs | TOTAL LEAD TIME PRODUCTION | CUMULATIVE IN Hrs | REMARKS |
| 1 | BLANKING | 110T | 8 | 0.5 | 150 | 18.8 | 19.3 | 2.0 | |
| 2 | FORMING | 75T | 8 | 0.5 | 150 | 18.8 | 19.3 | 4.0 | For individual operation |
| 3 | PIERCING | 75T | 8 | 0.5 | 150 | 18.8 | 19.3 | 6.0 | |
| 4 | SIZING & LETTERING | 100T | 8 | 0.5 | 150 | 18.8 | 19.3 | 8.0 | |
| | | | | | | | TOTAL PLT | 8.0 | |
| | | | | | | | PLT in Days / Shift | 1 | |

**Figura 6.5** Folha de cálculo do lead time de produção

## 6.5 FOLHA DE DISTRIBUIÇÃO DE MATÉRIA-PRIMA

O modelo de gestão de inventário de fabrico excel para calcular automaticamente o stock actual de matéria-prima, bem como determinar quantas unidades de cada produto pode fazer utilizando as matérias-primas disponíveis.

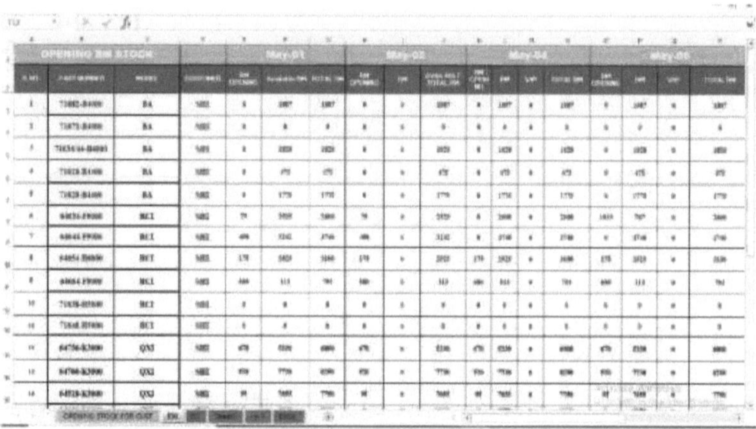

**Figura 6.6** Folha de distribuição da matéria-prima

## 6.6 FOLHA DE CÁLCULO DA EFICÁCIA GLOBAL DO EQUIPAMENTO (OEE)

OEE (Overall Equipment Effectiveness) é o padrão de ouro para medir a produtividade de fabrico. Identifica a percentagem de tempo de fabrico que é verdadeiramente produtiva. Uma pontuação de OEE de 100% significa que está a fabricar apenas peças boas, o mais rápido possível, sem tempo de paragem. Na linguagem do OEE isso significa 100% Qualidade (apenas Peças Boas), 100% Desempenho (o mais rápido possível), e 100% Disponibilidade (sem Tempo de Paragem).

A medição de OEE é uma melhor prática de fabrico. Mediante a medição de OEE e das perdas subjacentes. OEE é a melhor métrica para identificar perdas, marcar o progresso da bancada, e melhorar a produtividade do equipamento de fabrico e eliminar desperdícios.

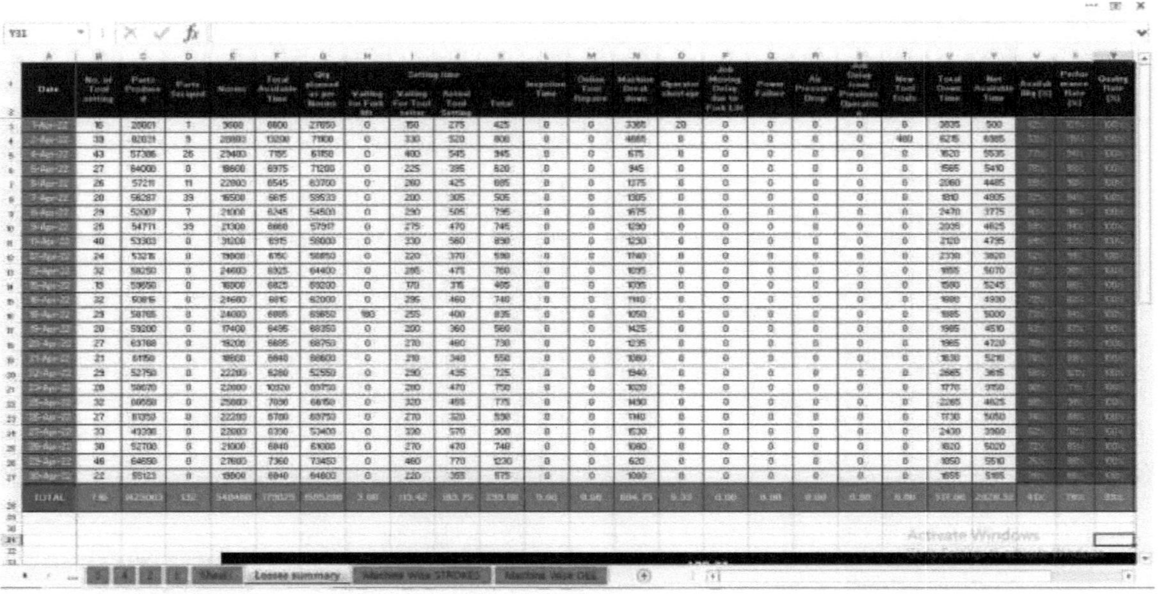

| Date | No. of Tool setting | Parts Produced # | Parts Scrapped | Norms | Total Available Time | Qty planned as per Norms | Waiting for Part kit | Waiting For Tool setter | Actual Tool Setting | Total | Inspection Time | Useless Tool Repairs | Machine Break down | Operator shortage | Job Moving Delay due to Pick List | Power Failure | Air Pressure Drop | Job Delay from Previous Operation | New Tool finds | Total Down Time | Net Available Time | Availability [%] | Performance Rate [%] | Quality Rate [%] |
|---|---|---|---|---|---|---|---|---|---|---|---|---|---|---|---|---|---|---|---|---|---|---|---|---|
| 1-Apr-22 | 16 | 20001 | 1 | 3600 | 8800 | 27050 | 0 | 150 | 275 | 425 | 0 | 0 | 3365 | 20 | 0 | 0 | 0 | 0 | 0 | 3835 | 500 | [illegible] | [illegible] | 100% |
| 2-Apr-22 | 33 | 82021 | 9 | 28803 | 13200 | 71100 | 0 | 330 | 520 | 800 | 0 | 0 | 4885 | 0 | 0 | 0 | 0 | 0 | 480 | 6215 | 6385 | [illegible] | [illegible] | 100% |
| 4-Apr-22 | 43 | 57386 | 26 | 29400 | 7195 | 61150 | 0 | 400 | 545 | 945 | 0 | 0 | 675 | 0 | 0 | 0 | 0 | 0 | 0 | 1620 | 5535 | [illegible] | [illegible] | 100% |
| 5-Apr-22 | 27 | 84000 | 0 | 18600 | 6975 | 71200 | 0 | 225 | 395 | 620 | 0 | 0 | 945 | 0 | 0 | 0 | 0 | 0 | 0 | 1565 | 5410 | [illegible] | [illegible] | 100% |
| 6-Apr-22 | 26 | 57211 | 11 | 22803 | 8545 | 83700 | 0 | 260 | 425 | 685 | 0 | 0 | 1375 | 0 | 0 | 0 | 0 | 0 | 0 | 2060 | 4485 | [illegible] | [illegible] | 100% |
| 7-Apr-22 | 20 | 56287 | 33 | 16500 | 5615 | 59533 | 0 | 200 | 305 | 505 | 0 | 0 | 1305 | 0 | 0 | 0 | 0 | 0 | 0 | 1810 | 4905 | [illegible] | [illegible] | 100% |
| 8-Apr-22 | 29 | 52007 | 7 | 21000 | 6245 | 54500 | 0 | 290 | 505 | 795 | 0 | 0 | 1675 | 0 | 0 | 0 | 0 | 0 | 0 | 2470 | 3775 | [illegible] | [illegible] | 100% |
| 9-Apr-22 | 26 | 54711 | 39 | 21300 | 8660 | 57597 | 0 | 275 | 470 | 745 | 0 | 0 | 1290 | 0 | 0 | 0 | 0 | 0 | 0 | 2035 | 4625 | [illegible] | [illegible] | 100% |
| 11-Apr-22 | 40 | 53303 | 0 | 31200 | 6915 | 58000 | 0 | 330 | 560 | 890 | 0 | 0 | 1230 | 0 | 0 | 0 | 0 | 0 | 0 | 2120 | 4795 | [illegible] | [illegible] | 100% |
| 12-Apr-22 | 24 | 53276 | 0 | 19800 | 6750 | 58850 | 0 | 220 | 370 | 590 | 0 | 0 | 1740 | 0 | 0 | 0 | 0 | 0 | 0 | 2330 | 3820 | [illegible] | [illegible] | 100% |
| 13-Apr-22 | 32 | 58250 | 0 | 24600 | 6925 | 64400 | 0 | 285 | 475 | 760 | 0 | 0 | 1095 | 0 | 0 | 0 | 0 | 0 | 0 | 1855 | 5070 | [illegible] | [illegible] | 100% |
| 15-Apr-22 | 15 | 59650 | 0 | 16800 | 6825 | 69200 | 0 | 170 | 315 | 485 | 0 | 0 | 1005 | 0 | 0 | 0 | 0 | 0 | 0 | 1560 | 5245 | [illegible] | [illegible] | 100% |
| 16-Apr-22 | 32 | 50816 | 0 | 24660 | 6810 | 62000 | 0 | 295 | 460 | 740 | 0 | 0 | 1140 | 0 | 0 | 0 | 0 | 0 | 0 | 1980 | 4930 | [illegible] | [illegible] | 100% |
| 18-Apr-22 | 29 | 50785 | 0 | 24000 | 6885 | 65850 | 190 | 255 | 400 | 835 | 0 | 0 | 1050 | 0 | 0 | 0 | 0 | 0 | 0 | 1985 | 5000 | [illegible] | [illegible] | 100% |
| 19-Apr-22 | 20 | 59200 | 0 | 17400 | 6495 | 68350 | 0 | 200 | 360 | 560 | 0 | 0 | 1425 | 0 | 0 | 0 | 0 | 0 | 0 | 1985 | 4510 | [illegible] | [illegible] | 100% |
| 20-Apr-22 | 27 | 63788 | 0 | 19200 | 6885 | 68750 | 0 | 270 | 460 | 730 | 0 | 0 | 1035 | 0 | 0 | 0 | 0 | 0 | 0 | 1985 | 4720 | [illegible] | [illegible] | 100% |
| 21-Apr-22 | 21 | 61150 | 0 | 18600 | 6840 | 66600 | 0 | 210 | 340 | 550 | 0 | 0 | 1080 | 0 | 0 | 0 | 0 | 0 | 0 | 1630 | 5216 | [illegible] | [illegible] | 100% |
| 22-Apr-22 | 29 | 52750 | 0 | 22200 | 6280 | 52550 | 0 | 290 | 435 | 725 | 0 | 0 | 1540 | 0 | 0 | 0 | 0 | 0 | 0 | 2265 | 3615 | [illegible] | [illegible] | 100% |
| 23-Apr-22 | 20 | 59670 | 0 | 22000 | 10320 | 69750 | 0 | 280 | 470 | 750 | 0 | 0 | 1020 | 0 | 0 | 0 | 0 | 0 | 0 | 1770 | 9150 | [illegible] | [illegible] | 100% |
| 25-Apr-22 | 32 | 66550 | 0 | 25000 | 7050 | 66750 | 0 | 320 | 455 | 775 | 0 | 0 | 1450 | 0 | 0 | 0 | 0 | 0 | 0 | 2265 | 4625 | [illegible] | [illegible] | 100% |
| 26-Apr-22 | 27 | 61350 | 0 | 22200 | 6700 | 69750 | 0 | 270 | 320 | 550 | 0 | 0 | 1140 | 0 | 0 | 0 | 0 | 0 | 0 | 1730 | 5050 | [illegible] | [illegible] | 100% |
| 27-Apr-22 | 33 | 41398 | 0 | 22000 | 6390 | 53400 | 0 | 330 | 570 | 900 | 0 | 0 | 1530 | 0 | 0 | 0 | 0 | 0 | 0 | 2430 | 3990 | [illegible] | [illegible] | 100% |
| 28-Apr-22 | 30 | 52700 | 0 | 21000 | 6840 | 61000 | 0 | 270 | 470 | 740 | 0 | 0 | 1080 | 0 | 0 | 0 | 0 | 0 | 0 | 1620 | 5020 | [illegible] | [illegible] | 100% |
| 29-Apr-22 | 46 | 64690 | 0 | 27800 | 7360 | 73450 | 0 | 460 | 770 | 1230 | 0 | 0 | 620 | 0 | 0 | 0 | 0 | 0 | 0 | 1850 | 5510 | [illegible] | [illegible] | 100% |
| 30-Apr-22 | 22 | 95123 | 0 | 19600 | 6840 | 64600 | 0 | 220 | 355 | 975 | 0 | 0 | 1080 | 0 | 0 | 0 | 0 | 0 | 0 | 1655 | 5165 | [illegible] | [illegible] | 100% |
| TOTAL | 746 | 1425003 | 132 | 540480 | 173125 | 1505200 | 3.00 | 113.42 | 183.75 | 330.00 | 0.00 | 0.00 | 104.75 | 0.30 | 0.00 | 0.00 | 0.00 | 0.00 | 0.00 | 517.00 | 2020.32 | 46% | 78% | 83% |

**Figura 6.7** Folha de cálculo do OEE

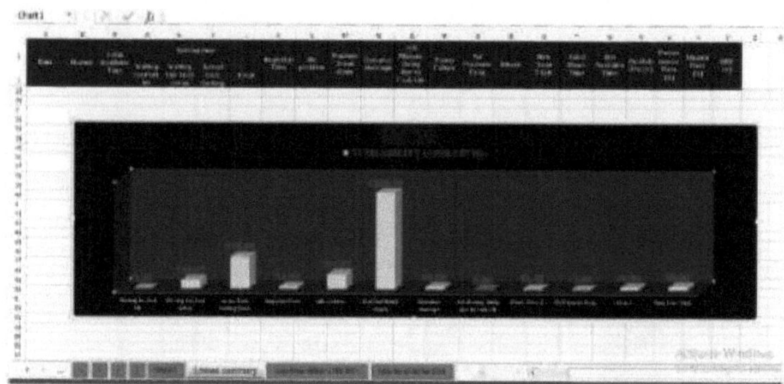

**Figura 6.8** Folha de cálculo das perdas do OEE

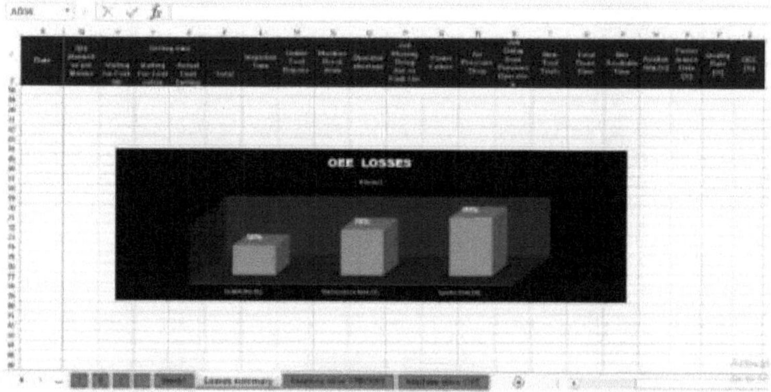

**Figura 6.9** Folha de cálculo de análise OEE

# CAPÍTULO: 7

## RESULTADO E DISCUSSÃO

Esta recolha de dados inclui o relatório de desagregação de dois meses (Março de 2022 - Abril de 2022) e o Relatório de Produção. Os dados ajudar-nos-ão a saber qual a melhoria feita nesta empresa com base nas ferramentas e técnicas aplicadas.

## 7.1 RECOLHA DE DADOS (DADOS RECOLHIDOS APÓS A IMPLEMENTAÇÃO PODE 2022)

Assim, primeiro recolhemos dados após a implementação, a partir de Maio de 2022.

### 7.1.1 Relatório de avaria de Maio

<table>
<tr><td colspan="4" align="center">May 2022 Report (25 working day/ 50 Shifts)</td></tr>
<tr><th>Date</th><th>Machine Name</th><th>Break down losses</th><th>Total Time in Minutes</th></tr>
<tr><td>02.05.2022</td><td>T5</td><td>Breakdown</td><td>1940</td></tr>
<tr><td>03.05.2022</td><td>T1 to T11</td><td>Power cut</td><td>1660</td></tr>
<tr><td>03.05.2022</td><td>T8</td><td>Grease problem</td><td>840</td></tr>
<tr><td>04.05.2022</td><td>T1 to T11</td><td>Power cut</td><td>990</td></tr>
<tr><td>04.05.2022</td><td>T8,T9,T10</td><td>No plan</td><td>2070</td></tr>
<tr><td>05.05.2022</td><td>T4,T5</td><td>Crack problem</td><td>400</td></tr>
<tr><td>06.05.2022</td><td>T8,T9</td><td>No plan</td><td>2900</td></tr>
<tr><td>07.05.2022</td><td>T1 to T11</td><td>Power cut</td><td>825</td></tr>
<tr><td>09.05.2022</td><td>T8</td><td>Line pin problem</td><td>3715</td></tr>
</table>

| 09.05.2022 | T11 | Ejection problem | 1780 |
|---|---|---|---|
| 10.05.2022 | T2 | Ejection problem | 800 |
| 10.05.2022 | T7 | Die filler bush damage | 3000 |
| 11.05.2022 | T7 | No plan | 3240 |
| 12.05.2022 | T6,T7,T8,T9,T10 | No plan | 2640 |
| 13.05.2022 | T5 | Linear bush broken | 1800 |
| 14.05.2022 | T5 | No plan | 1840 |
| 16.05.2022 | T8,T9,T10 | No plan | 735 |
| 16.05.2022 | T1 to T11 | Power cut | 614 |
| 17.05.2022 | T1 to T11 | Power cut | 1220 |
| 18.05.2022 | T8,T9,T10 | No plan | 6000 |
| 19.05.2022 | T1 to T11 | Power cut | 495 |
| 19.05.2022 | T4 | Grease problem | 60 |
| 19.05.2022 | T6 | No plan | 1045 |
| 21.05.2022 | T8,T9, | Grease problem | 3600 |
| 23.05.2022 | T4 | Centre bolt | 130 |
| 24.05.2022 | T6 | Die problem | 1780 |
| 25.05.2022 | T1 | No plan | 340 |
| 27.05.2022 | T1 to T11 | Power cut | 495 |
| 28.05.2022 | T6,T7,T1 | No plan | 3340 |
| 29.05.2022 | T1 to T11 | Despatch arrangement | 1300 |
| 30.05.2022 | T11 | Die problem | 60 |
| Total | | | 51854 |

**Quadro 7.1** Relatório de Discriminação (Maio de 2022)

Após a recolha do relatório de avaria, recolher o relatório de produção.

## 7.1.2  Relatório de produção de Maio de 2022

| Month | Total Pieces Produce / Month | Rejected Pieces | Good Pieces |
|---|---|---|---|
| May-22 | 389167 | 392 | 388775 |
| Total | 389167 | 392 | 388775 |

Quadro 7.2 Relatório de produção (Maio de 2022)

Após a recolha de dados, analisá-los e calcular a Eficácia Global do Equipamento.

## 7.2 ANÁLISE DOS DADOS

- Duração do turno = 12 horas = 720 minutos

- Intervalos para almoço = 30 minutos

- Pausas para chá = 20x3 = 60 minutos

- Mudança rápida =30 minutos

- Pausas totais = 120 minutos

- Taxa ideal de execução = 500 traços/hr

| Month | Time Losses in Minutes | Working Day | Total Shift | Losses/Shift in Minutes |
|---|---|---|---|---|
| May | 51854 | 25 | 50 | 1037 |
| Total | 51854 | 25 | 50 | 1037 |

Tabela 7.3 Relatório de perdas (Maio de 2022)

### 7.2.1 Fórmula de cálculo em OEE

Disponibilidade = (Tempo líquido disponível + Tempo total disponível) x100

- Tempo líquido disponível = Tempo total disponível - Tempo total de paragem

- Tempo de funcionamento da instalação = 12 horas x 60 = 720 minutos

- Tempo total disponível = 720 - 120 = 600 minutos

Desempenho = Quantidade Real Produzida ÷ Quantidade Planeada de acordo com as normas

Qualidade = (Rejeição Quantidade ÷ Quantidade produzida) x100

| Month | Plant Operating Time/shift in Min | Break Time | Total available time /Shift in Min | Losses/ Shift in Min | Total Pieces/ Shift | Rejected Pieces/ Shift | Good Pieces/ Shift |
|---|---|---|---|---|---|---|---|
| March | 720 | 120 | 600 | 1037 | 389167 | 392 | 388775 |
| Total | 720 | 120 | 600 | 1037 | 389167 | 392 | 388775 |

**Quadro 7.4** Cálculo e Análise de Dados (Maio de 2022)

| Month | Availability | Performance | Quality | OEE= A×P×Q |
|---|---|---|---|---|
| May | 54 | 71 | 99 | 38 |

**Tabela 7.5** Cálculo da folha de cálculo do valor do OEE

Dados recolhidos e após a implementação da folha de cálculo de avaliação integrada da capacidade, verificamos que, devido à implementação destes dois pilares, a nossa taxa de máquinas e a taxa de disponibilidade aumentam.

Utilizamos essa taxa de disponibilidade e calculamos OEE e geramos o gráfico considerando a taxa de qualidade e desempenho.

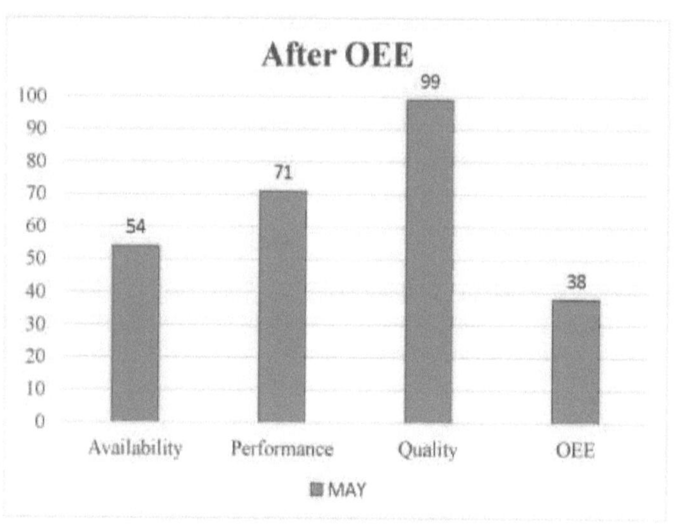

Figura 7.1 Após a implementação de OEE

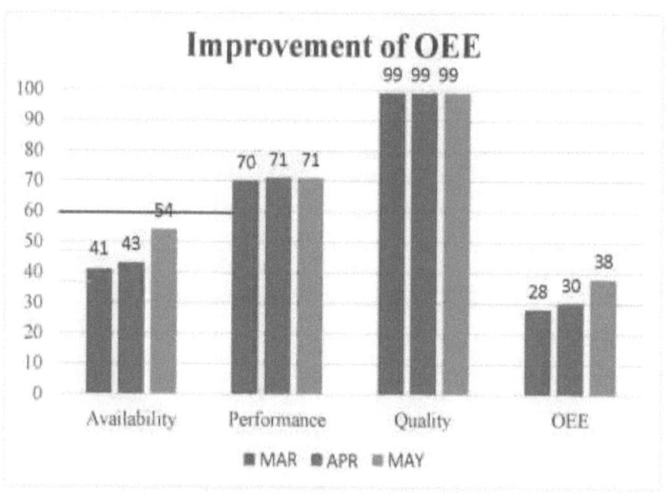

Figura 7.2 Melhoria do OEE

## 7.3 VARIAÇÕES DE ANTES E DEPOIS DA IMPLEMENTAÇÃO

**Figure 7.3** Manual documentation

**Figure 7.4** Computer based documentation

**Figure 7.5** Machine ideal

**Figure 7.6** Full capacity utilized

A máquina ideal de espera de perda a ser reduzida utilizando paletes extra para produzir as partes de tomada das operações.

**Figure 7.7** 250 Ton machine problem

**Figure 7.8** Servo motor

A velocidade da máquina de prensar e a alimentação automática da bobina geram uma elevada taxa de perda de avarias no molde, o que tem um impacto na produção e não no prazo de entrega. A utilização de servo motor para reduzir a velocidade mínima para reduzir o problema da matriz.

### 7.3.1 Servo motor

Como alternativa às prensas convencionais e hidráulicas, têm sido utilizados servo-accionamentos na conformação de chapas metálicas (isto é, dobragem, estampagem, estiragem profunda e cisalhamento). Do ponto de vista tecnológico, as servo-prensas oferecem várias vantagens. As prensas hidráulicas têm um curso programável para que possam desenvolver uma tonelagem completa a qualquer velocidade e em qualquer ponto do curso. Além disso, as prensas podem inverter ou parar em qualquer ponto do curso. Apesar de não ser controlável e de trabalhar com dados de movimento constante, a velocidade de conformação nas prensas mecânicas convencionais é mais rápida do que a das prensas hidráulicas. Em geral, as prensas mecânicas apresentam um menor consumo de energia em comparação com as prensas hidráulicas. Servo motor incorpora as características mais notáveis das prensas hidráulicas (isto é, flexibilidade e plena tonelagem em qualquer altura) e das prensas mecânicas convencionais (isto é, precisão e fiabilidade). Além disso, têm características estruturais mais simples e proporcionam um ambiente de trabalho sem ruído. As suas taxas de produção são superiores às das prensas hidráulicas e convencionais mecânicas. Num servo motor, a energia só é consumida quando a prensa se move. Esta é uma vantagem sobre uma prensa convencional na qual, mesmo quando a prensa não está em funcionamento, é consumida energia para rodar o volante de inércia para obter a inércia. Por outro lado, as prensas servo-motrizes têm um inconveniente, uma vez que requerem uma grande quantidade de energia eléctrica durante as operações de desenho profundo. O motor nas prensas mecânicas convencionais é montado no pinhão através do volante, embraiagem e travão, o motor pode ser directamente montado no pinhão, uma vez que os servomotores são controláveis, fornecendo qualquer torque em qualquer ponto. As capacidades dos mecanismos existentes nas prensas mecânicas convencionais (ou seja, parafuso, manivela, ligação, e junta de articulação) são intensificadas nos servomotores.

### 7.3.2  Vantagens do servo motor

- A lubrificação é fornecida no momento necessário através de unidades de controlo.

- A carga de impacto é reduzida através do controlo da velocidade de toque.

- O ruído é reduzido por meio de lubrificação adequada, impacto mínimo, e paragem do movimento de deslizamento.

- O intervalo de trabalho pode ser alargado utilizando os movimentos deslizantes desejados (ou seja, pulsantes ou oscilantes).

- A vibração na operação com chapas metálicas pode ser reduzida através da estabilização da chapa metálica ou da optimização do movimento da lâmina.

- A precisão do produto pode ser melhorada estabelecendo as características óptimas de movimento e controlo do movimento de deslizamento.

- As prensas servo-prensas para linhas de produtos particulares podem ser operadas como sincronizadas.

- A vida útil da ferramenta é prolongada devido a lubrificação adequada e condições mínimas de impacto.

- O refugo é reduzido à medida que a precisão do produto é melhorada.

- É possível uma maior produtividade no tempo mínimo de trabalho no ciclo mais curto, aumentando a velocidade de retorno e sincronizando a linha de produtos.

- O consumo de energia pode ser controlado e reduzido quando o motor é parado com o controlo do movimento da corrediça (start-stop).

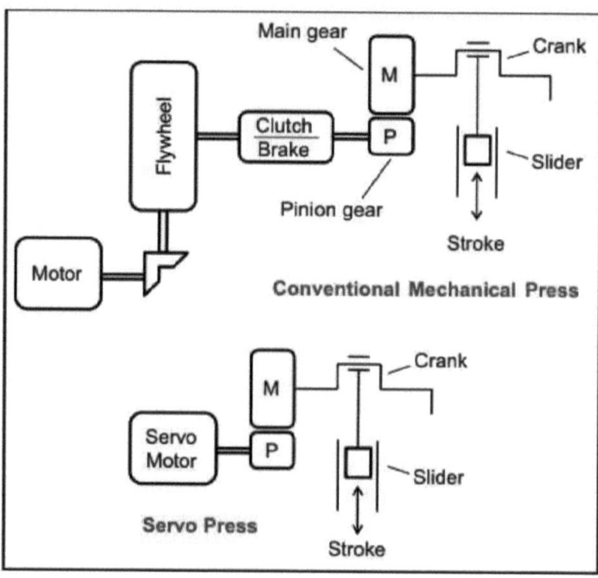



**Figura 7.9** Estruturas da prensa mecânica convencional e da servoprensa

**Figura 7.1.10** Reduzir o problema do molde

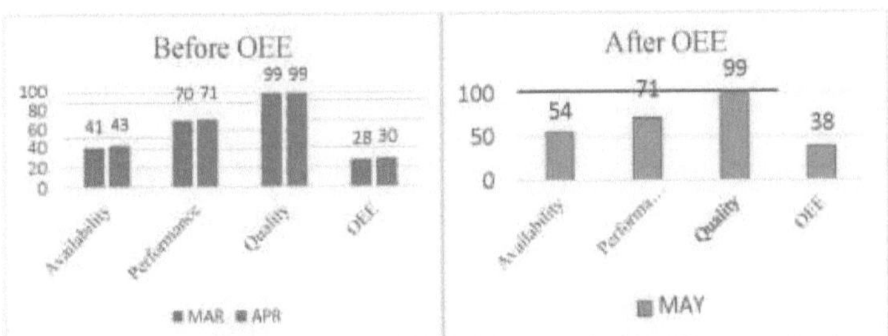


**Figure 7.1.11** Before implementation of OEE

**Figure 7.1.12** After implementation of OEE

Estamos a comparar os resultados globais da eficácia do equipamento. Descobrimos que, após a implementação, estamos a melhorar a taxa de disponibilidade e desempenho das máquinas e a possível redução das perdas que afectam o tempo de disponibilidade. Ao melhorarmos a disponibilidade das máquinas, estamos a obter uma melhoria no OEE de 30% a 38%, pelo que aproximadamente um aumento de 8%.

# CAPÍTULO 8

# CONCLUSÃO

Na melhor indústria de engenharia e tecnologias de estampagem, OEE é competitivo. Eficácia Global do Equipamento mas ferramentas poderosas de medição do desempenho, pelo que é recomendado para implementação pela empresa. A medição da Eficácia Global do Equipamento em tempo real forneceu informações diárias claras sobre o nível de eficácia da máquina. É fundamental que a empresa recolha dados em tempo real para acelerar as acções correctivas. Os dados do OEE também fornecem notificação e controlo contínuo da linha ao operador. Para que as acções possam ser tomadas antes do tempo para evitar tempos de paragem, má disponibilidade da máquina, e perda de receitas. Quando um departamento de produção atinge uma classificação OEE elevada, é um excelente indicador de processos altamente produtivos; no entanto, é necessária uma optimização contínua para se obter um valor a longo prazo. Ao melhorar a disponibilidade da máquina, estamos a obter melhorias no OEE de 30% para 38,14%.

## 8.1 POSSIBILIDADES DE TRABALHO FUTURO

O projecto actual visa melhorar a eficácia global do equipamento através da concepção de folhas integradas de recolha de dados. Com base na implementação do OEE, conclui-se que a disponibilidade é inferior aos níveis do OEE. Seria vantajoso para futuros investigadores utilizar o estudo temporal e o estudo de métodos para encontrar a causa raiz de todas as máquinas, a fim de melhorar a disponibilidade e o desempenho das máquinas. OEE é deficiente no conceito de rentabilidade e custos das máquinas. Seria benéfico para a empresa se fosse desenvolvido um novo Overall Equipment Effectiveness (Eficácia Global do

Equipamento) e se fosse concebido um novo software. O resultado final da implementação da melhoria contínua da abordagem pode atingir a classe mundial de 85% de Eficácia Global do Equipamento.

# REFERÊNCIAS

1. Pavan Kumar Malviya, Ravi Ngaich. (2015),'Study and Improvement of Manufacturing performance By Implementation of TPM', International Journal of scientific research and management, Vol 3, pp 3285-3288.

2. Ashokkumar.A. (2014),'Implementation of overall equipment effectiveness (OEE)', International Journal of Engineering Trends and Technology, Vol 2, pp 5-6.

3. Ramesh C.G, Mohammed Asif Mulla. (2014),'Enhancing Overall Equipment Effectiveness of HMC Machines Through TPM and 5S Techniques in a Manufacturing Company', International Journal on Mechanical Engineering and Robotics , Vol-2, pp 7-8.

4. Purba, H. H., Wijayanto, E., & Aristiara, N. (2018),'Analysis of overall equipment effectiveness (OEE) with total productive maintenance method on jig cutting: a case study in manufacturing industry 'Journal of scientific research and management, Vol 5, pp 397-406.

5. Tobe, A. Y., Widhiyanuriyawan, D., & Yuliati, L. (2018),'The integration of Overall Equipment Effectiveness (OEE) method and lean manufacturing concept to improve production performance (Case study: Fertilizer producer)',Journal of Engineering and Management in Industrial System, Vol 5(2), pp 102-108.

6. Vivekanandha T, S. Appaiah, (2016),'Improvement of overall equipment effectiveness of press machine using lean concepts', Journal for technological research in engineering , pp 2-4.

7. Sivaselvam, E., & Gajendran, S. (2014),'Improvement of overall equipment effectiveness in a plastic injection moulding industry', IO SR

Journal of Mechanical and Civil Engineering, Vol 5(53), pp 12-16.

8.  Ghosh, S. S., & Gupta, D. M. (2016),'Effectiveness improvement of critical machines in a fabrication industry',International Journal of Scientific and Research Publications, ISSN 2250-3153 Vol, 6, pp 174-178.

9.  Aman, Z., Ezzine, L., Fattah, J., Lachhab, A., & Moussami, H. E. (2017),'Improving efficiency of a production line by using overall equipment effectiveness: A case study',In Proceedings of the International Conference on Industrial Engineering and Operations Management, Rabat, Marrocos pp. 1048-1057.

10.  Ng Corrales, L. D. C., Lamban, M. P., Hernandez Korner, M. E., & Royo, J. (2020),'Overall equipment effectiveness: systematic literature review and overview of different approaches',Applied Sciences, Vol 10(18), pp 6469.

11.  Vairagkar, A. S., & Sonawane, S. (2016),'Improving Production Performance with Overall Equipment Effectiveness (OEE)',International Journal of Engineering Research & Technology (IJERT) Vol, 4.

12.  Haddad, T., Shaheen, B. W., & Nemeth, I. (2021),'Improving overall equipment effectiveness (OEE) of extrusion machine using lean manufacturing approach',Manuf. Technol, Vol 21, pp 56-64.

13.  Singh, S., Khamba, J. S., & Singh, D. (2021),'Análise e orientações do OEE e sua integração com diferentes ferramentas estratégicas',Procedimentos da Instituição de Engenheiros Mecânicos, Parte E: Journal of Process Mechanical Engineering, Vol 235(2), pp 594-605.

14. Pacea, B. C. (2007),'Capacity analysis in manufacturing using analysis of overall equipment effectiveness', Annals of the Oradea University, Fascicle of Management and Technological Engineering, Vol 6, pp 1241-1246.

15. Sayuti, M. (2019),'Analysis of the overall equipment effectiveness (OEE) to minimize six big losses of pulp machine: a case study in pulp and paper industries',In IOP Conference Series: Materials Science and Engineering Vol. 536, No. 1, pp 012061.

16. Tsarouhas, P. H. (2013),'Evaluation of overall equipment effectiveness in the beverage industry: a case study',International Journal of Production Research, Vol 51(2), pp 515-523.

17. Maafa, A. D., Sari, L. T., & Belkaid, F. (2020),'Planeamento da Produção Multi-Períodos para uma Empresa Industrial',In 2020 IEEE 13th International Colloquium of Logistics and Supply Chain Management (LOGISTIQUA) (pp. 1-5).

18. Szelqg-Sikora, A., Stuglik, J., Rorat, J., & Maga, J. (2019),'Analysis of performance and the Overall Equipment Effectiveness (OEE) in a manufacturing company',In E3S Web of Conferences Vol. 132, pp 01023.

19. Fakhri, N., Supenti, L., & Prabawo, G. (2019),'Overall equipment effectiveness (OEE) analysis to improve the effectiveness of vannamei (Litopenaeus vannamei) shrimp freezing machine performance at PT. XY, Situbondo-East Java', na série de conferências da IOP: Earth and Environmental Science Vol. 278, No. 1, pp 012022.

20. Nallusamy, S. (2016),'Enhancement of productivity and efficiency of CNC machines in a small scale industry using total productive maintenance^ In International Journal of Engineering Research in Africa Vol. 25, pp. 119-126.

21. Martomo, Z. I., & Laksono, P. W. (2018),'Análise da implementação da manutenção produtiva total (TPM) utilizando a eficácia global do equipamento (OEE) e seis grandes perdas: A case study',In AIP Conference Proceedings Vol. 1931, No. 1, pp 030026.

22. Li, X., Liu, G., & Hao, X. (2021),'Research on improved oee

measurement method based on the multiproduct production system',Applied Sciences, Vol 11(2), pp 490.

23. Subramaniam, S. K. A. L., Husin, S. H. B., Yusop, Y. B., & Hamidon, A. H. B. (2008),'Machine efficiency and man power utilization on production lines',In WSEAS International Conference. Procedimentos. Mathematics and Computers in Science and Engineering, World Scientific and Engineering Academy and Society, pp 7.

24. Maideen, N. C., Sahudin, S., Yahya, N. M., & Norliawati, A. O. (2016),'Quadro prático: Implementing OEE method in manufacturing process environment", In IOP conference series: materials science and engineering Vol. 114, No. 1, pp 012093.

25. Jadhav, B. R., & Jadhav, S. J. (2013),'Investigation and analysis of cold shutting defect and defect reduction by using 7 quality control tools',International journal of advanced engineering research and studies, Vol 2(3), pp 28-30.